基礎機械工学シリーズ 9

機械工学概論

末岡淳男
・
村上敬宜　近藤孝広　山本雄二
和泉直志　有浦泰常　尾崎龍夫
深野　徹　村瀬英一　森　英夫
著

朝倉書店

執 筆 者

末岡 淳男 (すえおか あつお)	九州大学大学院工学研究院知能機械システム部門	[1章, 3章]
村上 敬宜 (むらかみ ゆきたか)	九州大学大学院工学研究院機械科学部門	[2章]
近藤 孝広 (こんどう たかひろ)	九州大学大学院工学研究院知能機械システム部門	[3章]
山本 雄二 (やまもと ゆうじ)	九州大学大学院工学研究院機械科学部門	[4章]
和泉 直志 (いずみ なおし)	九州大学大学院工学研究院機械科学部門	[4章]
有浦 泰常 (ありうら やすつね)	九州大学大学院工学研究院知能機械システム部門	[5章]
尾崎 龍夫 (おざき たつお)	九州大学大学院工学研究院知能機械システム部門	[5章]
深野 徹 (ふかの とおる)	九州大学大学院工学研究院機械科学部門	[6章]
村瀬 英一 (むらせ えいいち)	九州大学大学院工学研究院機械科学部門	[7章]
森 英夫 (もり ひでお)	九州大学大学院工学研究院機械科学部門	[7章, 8章]

(執筆順, 所属は執筆当時)

まえがき

　機械工学は，物理学などの理学の基礎科学分野で得られた種々の原理・法則を基礎概念として，コストと効率を十分に意識しつつ可能な限り合理的なもの作りを実現するための学問である．どのような工業であれ，ものを製造する以上は機械工学がその中心的な役割をはたし，不可欠なものとなる．したがって，機械技術者はもの作りの専門家ということになる．しかし，ものを作る機械技術者は，製造されようとしている機械や機械システムが社会や自然に対してどのような影響を与えるかを予知しながら，責任をもって製造しなければならないことはいうまでもない．

　小さな子供から，「お兄ちゃん，機械って何なの？」と質問されたらどう答えたらよいのだろうか．回答に困る人もいるだろう．本書は，このような今から機械工学を勉強しようとする機械工学科の低学年の学生諸君や，大学において機械工学以外の分野を専門としている学生諸君が機械工学の基本的な知識を身につけられるように，材料力学，機械力学，流体力学および熱力学の4大力学を中心に最も初歩的で最小限必要な基礎知識をわかりやすくまとめたものである．機械技術者にとってこれだけの内容で十分かといわれると，その回答はノーである．本書をその第一歩として機械工学に興味をもっていただき，さらに高度な機械技術者になるために機械工学の理解を深めていただきたい．

　この教科書は九州大学大学院工学研究院機械工学系部門の教官が共同で執筆・編集を企画した．本書が学生諸君にとって機械工学の理解に少しでもお役に立つことができれば，また，機械工学のおもしろさを少しでも感じていただければ，著者らにとって望外の喜びである．

　最後に，朝倉書店編集部には本書の計画の段階から編集の段階までたいへんお世話になった．ご助力に心から感謝申し上げる次第である．

2001年9月

末 岡 淳 男

目　　次

1. 機械工学とは
1.1　機械および機械システムとは……………………………………………2
1.2　機械工学の役割……………………………………………………………3
1.3　単位系………………………………………………………………………5

2. 材 料 力 学
2.1　力をうける物体が静止しているための条件……………………………7
2.2　引張りと圧縮………………………………………………………………10
2.3　応力とひずみの性質………………………………………………………14
2.4　せん断とねじり……………………………………………………………18
2.5　はりの曲げ…………………………………………………………………22
2.6　柱の座屈……………………………………………………………………28
2.7　機械に使用されている材料………………………………………………31
2.8　強度設計の基本……………………………………………………………31
演習問題…………………………………………………………………………32

3. 機 械 力 学
3.1　リンク機構…………………………………………………………………34
3.2　機械のつり合わせ…………………………………………………………39
3.3　機械振動と制振……………………………………………………………49
演習問題…………………………………………………………………………60

4. 機械設計と機械要素
4.1　機械設計の基礎……………………………………………………………62
4.2　ね　じ………………………………………………………………………64

4.3　ば　ね……………………………………………………70
　4.4　軸および軸継手……………………………………………73
　4.5　軸　受………………………………………………………77
　4.6　動力伝動装置………………………………………………82
　演習問題…………………………………………………………86

5. 機械製作

　5.1　機械製作の流れ……………………………………………88
　5.2　鋳　造………………………………………………………89
　5.3　塑性加工……………………………………………………92
　5.4　溶　接………………………………………………………98
　5.5　熱処理………………………………………………………101
　5.6　切削加工……………………………………………………102
　5.7　砥粒加工……………………………………………………110
　5.8　特殊加工……………………………………………………113
　5.9　精密測定……………………………………………………115
　演習問題…………………………………………………………117

6. 流体力学

　6.1　流体の基本的性質…………………………………………120
　6.2　静止流体の力学……………………………………………122
　6.3　管路内流れの力学…………………………………………126
　6.4　管　路………………………………………………………136
　6.5　流速と流量の計測…………………………………………142
　演習問題…………………………………………………………146

7. 熱力学

　7.1　熱力学の第一法則…………………………………………149
　7.2　熱力学の第二法則…………………………………………157
　7.3　ガスサイクルと内燃機関…………………………………163
　7.4　蒸気の性質…………………………………………………173

 7.5 蒸気サイクル……………………………………………………………178
 演習問題 …………………………………………………………………186

8. 伝 熱 学

 8.1 熱伝導……………………………………………………………………187
 8.2 熱通過と対流伝熱………………………………………………………191
 8.3 放射伝熱…………………………………………………………………195
 演習問題 …………………………………………………………………199

参 考 文 献 ……………………………………………………………………201
演習問題解答 …………………………………………………………………203
索　　　引 ……………………………………………………………………209

1. 機械工学とは

　機械工学とは，材料力学，機械力学，流体力学および熱力学の4大力学を基礎とした工学体系であり，社会のなかで人間が果たすべき役割を人間に代わって，あるいは，人間と一緒により良い形で実現させるシステムを計画し，構築し，稼働させ，利用するという，豊かな人間社会の実現に必要不可欠な学問である．ここでいうシステムとは，単に概念的なものではなく目で見える実体的なシステムのことであって，これを機械（machine）および機械システム（mechanical system）と呼ぶ．現在の地球上には，人間生活を豊かにするために多くの機械や機械システムが日夜稼働している．

　このように，機械工学の本質はもの作りであるといえる．もの作りには物体の移動・変形やエネルギーの変換・伝達が関わるため，それを合理的に実現するには物理学や数学などの基礎科学を目的に合わせて機械工学に適用しやすいように体系化し直した知識が必須である．一方，最近では単にものを作るということだけではなく，哲学，技術者倫理，法律，政治，国際関係などに関わる知識をも含めて，作り出された機械システムが自然環境や社会構造あるいは人間関係にどのような影響をもたらすかという問題をも考慮する必要性が生じている．したがって，これからの機械技術者は数理科学，種々の工学，情報技術などの知識・手法を駆使し，社会や自然に対する影響を予知しながら，人類の生存・福祉・安全に必要なシステムを責任をもって研究・開発・製造・運用・保全することが要求される．

1.1 機械および機械システムとは

　土木や建築の分野では，作り出すべき対象物のイメージを比較的はっきりともつことができるが，機械といわれるとどのようなものを連想するだろうか．自動車などのほか，最近ではロボットを連想する人も多いだろう．しかし，人によっていろいろと機械のイメージが異なるように思われる．

　では機械とは一体何であろうか．この問いに対して従来から広く認められてきた答は次のようである．すなわち，機械とは，力が作用しても大きく変形せず，壊れない材料からできたいくつかの要素から構成され，各要素は有機的に結合・配列され，各々決まった相対（拘束）運動をしており，受け入れたエネルギーを伝達あるいは変換して，我々が要求する有用な仕事を行うものである．したがって，この定義を満たしていないものは機械と区別される．たとえば，

　道　具：金槌，のこぎりなど（要素間に相対運動がなく，同じ運動を繰り返さない）
　構造物：建物，橋梁，タワーなど（動かない）
　器　具：物理量を計測するための機器
　装　置：機械の一部を構成するもの．ボイラ，タンク，化学反応装置など．たとえば，ボイラは化学的エネルギーを熱エネルギーに変換して水に与え，蒸気を発生させるだけのもので，蒸気タービンなどと組み合わせてはじめて機械システムとなる．

　上記のような定義では，計算機を利用して情報・伝達を行うものは機械とはみなされないが，人間にとって有用な情報を与えてくれる広い意味の機械と考えることもできよう．

　通常の機械は，次の4種類に分類される．すなわち，
1. 原動機：自然界に存在するエネルギーを利用して，それを有効な機械エネルギー，すなわち，動力に変換する機械．たとえば，熱機関，蒸気タービン，モータなどは石油，蒸気，電気を利用して回転動力を得る．
2. 中間機械：原動機で発生した動力の形態や大きさを適当なものに変えるために中間に配置される機械．たとえば，トルクコンバータ，減速機などはトルクの大きさを変えたり，回転数を変える．
3. 作業機械：適当に調整された動力を利用して我々に都合のよい仕事をする機

械．たとえば，工作機械，製造機械，運搬機械などで有用な仕事を行う．
4. 輸送機械：原動機を有し，推進機能をもつ機械．たとえば，自動車，電車，船，飛行機などはエンジンをもって走行・飛行移動できる．

1.2 機械工学の役割

機械工学は，基礎科学の分野で得られた種々の法則・原理を基礎として，その知識を利用することによって可能な限り合理的なもの作りを実現するための学問である．一方，工学的な見地からすれば，製作された機械や機械システムがいくら有用であったとしても，高価で採算が合わないものになってはならない．また，機械はエネルギーを受けて有用な仕事をするものであるから，エネルギーを有効に使うものでないといけない．このように，工学では常にコストと効率の問題を意識したもの作りが必要である．これが工学と理学との本質的な相違点である．

また，製作した機械が正常に稼働することは必須の条件ではあるが，故障時の対策にも十分な配慮がなされた設計が必要である．すなわち，部品数の最小化，部品の規格化およびメンテナンスが容易になるような設計を工夫しなければならない．最近では，機械が使用済みになっても廃棄するのではなく，利用可能な部品をリユースしたり，部品材料をリサイクルできるような設計法が要求されるようになってきた．その一部は，法律で義務化されつつある．地球上の限りある資源の有効活用対策は，環境保全の観点からも今後さらに重要性を増してくるであろう．

次に，機械の機能設計・機械設計・製作の手順を通して，機械工学内部の種々の学問分野が機械の開発にどのように関与しているかを示そう．

まず，設計を開始するに当たって，社会のニーズを十分に調査したうえで，製作すべき機械の目的と条件を明らかにしなければならない．

次いで，その目的に見合った運動を機械に与える機構，すなわち，機械の骨組みを決定する．この機械の運動学を取り扱うのが機構学である．

機械の骨組みができあがると，その骨組みを構成する各部品に作用する力を求め，すべての部品が作用する力に抗しうるようにその骨に肉を付けるとともに，材料を適切に選択する．大きな力を受けるところ，さびやすいところ，硬い材料が必要なところなど，材料特性を十分に考慮した材料の選定が必要である．材料自体の微視的な組織や性質および力を受けた場合の性状を調べるのが，機械材料

学である．一方，各部品に作用する力，および応力とひずみの関係などを考察するのが材料力学である．材料力学は弾性力学と塑性力学とに大別される．このうち，機械部品のひずみを弾性限度内にとどめておいて，機械材料の疲労や機能低下が起こらないようにするのが弾性力学であり，弾性限界を超えて材料に積極的にひずみを与えて永久変形を生じさせる塑性加工の分野，たとえば，圧延，鍛造などを対象とするのが塑性力学である．

　機械の目的を十分に実現させるためには，エネルギー変換・伝達の観点からの考察が必要不可欠である．たとえば，ポンプ，送風機，エアコンなどの機械はエネルギー媒体として内部に流体を含んでいる．これらの原動機の多くは，流体のもつ機械的エネルギーおよび熱エネルギーを有効な動力に変換する．このようなエネルギー変換・伝達に関与する学問として，気体や液体の流れの問題を取り扱う水力学や流体力学，種々の媒体によって変換・伝達される熱の問題を扱う熱力学や伝熱学がある．これらは原動機のみならず作業機械の効率化に関しても重要かつ基礎的な学問である．

　機械が同じ運動を繰り返す過程で，各部品は通常加速度運動を行う．その結果，各部品には慣性力が生じる．この慣性力が機械に振動や騒音を発生させ，機械の円滑な稼働を阻害する要因となる．このような慣性力に起因する動力学的な問題を取り扱うのが機械力学・機械振動学である．機械が軽量化，高速化されるなか，機械の安全性や信頼性および環境への影響の面からも，振動・騒音の問題は重要視されねばならない．

　機械の高性能化や長寿命化を実現するためには，摩耗や潤滑に対する対策も重要である．このような問題を取り扱う学問分野がトライボロジーである．

　以上のような学問を背景に，十分な機械の機能設計が行われれば，次に機械を具体的に設計・製作する段階に入る．機械の計画，設計および製図は機械設計と呼ばれ，上記の基礎的な学問からの知識を統合して設計が行われる．部品の形状・配置，連結法を規格に沿った形で実現するためには，機械設計法の知識が必要である．機械設計は最近とくにコンピュータを駆使したCAD（computer aided design），CAM（computer aided manufacture）システムで効率よく行われている．機械設計には生産性，経済性および環境保全を十分に考慮することが要求される．

　機械や部品を実際に製作するための材料の加工，加工に使用される工具や工作

機械を研究の対象としているのが機械製作法である．加工には，切削・研削加工，塑性加工，溶接，鋳造，熱処理などがある．高品質・高精度加工が求められるとともに，環境汚染を少なくする，あるいはなくす加工法の開発が進められている．

部品が製作されると，それらを組み立てて機械にする．そのような機械製作のプロセス全体を通して，効率のよい生産の実現を目的とする学問が生産設計である．

以上は機械工学のなかの代表的な学問分野とそれらの簡単な内容の紹介である．最近では，機械工学分野の専門性の深化，新分野の台頭に伴って，さらに高度な専門分野に細分化されつつある．

1.3 単 位 系

現在，世界的に使用されている単位はSI（国際単位系）である．本書でも使用する単位をSIに統一して記述する．そのSI単位は基本単位，補助単位および組立単位から構成されている．

1. 基本単位（7個）　　長さ[m], 質量[kg], 時間[s], 熱力学温度[K；ケルビン], 物質量[mol；モル], 光度[cd；カンデラ], 電流[A；アンペア]
2. 補助単位（2個）　　平面角[rad；ラジアン], 立体角[sr；ステラジアン]
3. 組立単位　　基本単位と補助単位から組み立てられた単位で，基本単位を用いて表されるSI組立単位の例として，面積[m²], 体積[m³], 速度[m/s], 加速度[m/s²], 基本単位と補助単位を用いて表されるSI組立単位として，角速度[rad/s], 角加速度[rad/s²]がある．組立単位の中で，固有の名称をもつものには重要な単位が多い．たとえば，力：$N = kg \cdot m/s^2$（ニュートン），圧力・応力：$Pa = N/m^2$（パスカル），エネルギー・仕事・熱量：$J = N \cdot m$（ジュール），仕事率（動力）：$W = J/s$（ワット），振動数（単位時間当たりの繰返し数）：$Hz = 1/s$（ヘルツ）があり，固有の名称を用いて表されるSI組立単位として，粘度[Pa/s], 力のモーメント[N·m]などがある．

SI単位の10の整数乗倍を構成するための接頭語をSI接頭語という．倍数と付けるべき接頭語を表1.1に示す．たとえば，10^{-3} m は1mm, 3×10^{-5} s は30μs, 鋼の縦弾性係数は，$E = 2.06 \times 10^{11} \text{N/m}^2 = 206 \text{GN/m}^2$と表す．

機械工学分野では，従来から工学単位系が広く使用されてきた．SI単位は長さ，質量，時間を基本単位としているが，工学単位系は長さ[m], 力[kgf；キログラ

表 1.1 SI接頭語

10^{-12}	10^{-9}	10^{-6}	10^{-3}	10^0	10^3	10^6	10^9	10^{12}
p	n	μ	m	—	k	M	G	T
(ピコ)	(ナノ)	(マイクロ)	(ミリ)		(キロ)	(メガ)	(ギガ)	(テラ)

ムフォース]，時間[s]の3つの量を基本量として構成される単位系であり，力の単位を単位質量の物体に作用する重力という形で定めるところに特徴がある．すなわち，1kgの質量に作用する重力を1kgfという．よって，SIと工学単位系の力および質量の換算は，

力：$1[\mathrm{N}] = 1/g[\mathrm{kgf}] = 1/9.80665[\mathrm{kgf}]$

質量：$1[\mathrm{kg}] = 1[\mathrm{kgf}]/g[\mathrm{m/s^2}] = 1/9.80665[\mathrm{kgf \cdot s^2/m}]$

となる．ここに，$g = 9.80665 \mathrm{m/s^2}$ は重力加速度である．

2. 材料力学

2.1 力を受ける物体が静止しているための条件

物体が静止したままの状態を保つために必要な条件を「平衡条件」という．

例として図2.1のように台の上に静止している重量 W の物体を考えてみよう．静止しているのは「台が物体を支えている」からである．台が物体を接触面で支えている力は図2.2のような矢印の力で表現できるであろう．「作用・反作用」の法則によって支えている力 R（反力という）が W と等しいので，物体は静止している．したがって，図2.1の問題の平衡条件は次のように書く．

$$W - R = 0 \quad \text{または} \quad R = W \tag{2.1}$$

図2.1では垂直方向のみの平衡条件に注目したが，一般に図2.3のように3次元の問題を考えると，物体が静止しているためには，作用する力 P_i の x, y, z 方向成分 (P_{ix}, P_{iy}, P_{iz}) の和は，それぞれ次式を満足することが必要である．

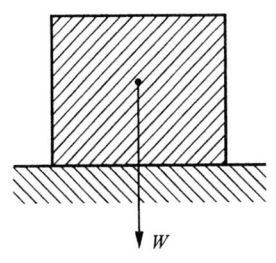

図2.1 台の上で静している物体

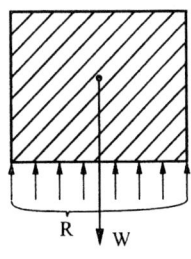

図2.2 物体に作用する力の平衡

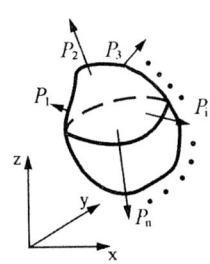

図2.3 物体に作用する力の平衡

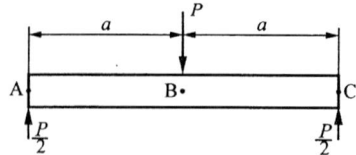
図 2.4 平衡条件を満たす力の作用

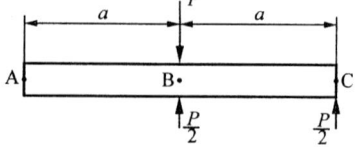
図 2.5 平衡条件を満たさない力の作用

$$\sum_{i=1}^{n} P_{ix}=0, \quad \sum_{i=1}^{n} P_{iy}=0, \quad \sum_{i=1}^{n} P_{iz}=0 \tag{2.2}$$

しかし，式(2.2)の条件は物体が静止するために十分な条件とはいえない．このことは図2.4と図2.5のような例を見ればわかる．ここで，これらの問題を考える場合，質量を無視することにする．

図2.4の棒は静止したままであるが，図2.5の棒は紙面に垂直な軸を中心に反時計回りに回転を始めるであろう．図2.4と図2.5の棒はどちらも式(2.2)を満たしている．しかし，図2.5の棒は物体を回転させる原因であるモーメント（回転モーメントと呼ぶ）の平衡条件を満たしていない．

図2.4の棒において点Aを通る紙面に垂直な軸の回りの回転モーメントの平衡は，反時計回りを正（符号）にとると次のように0となる．

$$\frac{1}{2}P\times 0 - P\times a + \frac{1}{2}P\times 2a = 0 \tag{2.3}$$

式(2.3)では，点Aを通る軸に関する回転モーメントが（ある点に作用する力）×（点Aまでの距離）として計算されている．これに対して，図2.5の棒は，

点Aを通る軸に関する回転モーメント

$$= 0\times 0 - \left(P - \frac{1}{2}P\right)\times a + \frac{1}{2}P\times 2a = \frac{1}{2}Pa$$

となり，全体で反時計回りに $\frac{1}{2}Pa$ の回転モーメントが生じることになる．このような状態では，棒は静止せずに回転運動を始めることになる．

したがって，物体が静止するための条件としては，式(2.2)（力に関する平衡）に加えて，x, y, z 3つの軸に関する回転モーメントの平衡条件が成り立たなければならない．（必ずしも，x, y, z軸または方向と限定しなくてもよいが，3次元問題では一般に独立な3方向の力の平衡条件と3方向の軸に関する回転モーメントの平衡条件を考えなければならない．なお，式(2.3)では点Aを通る軸に関する回転モーメントを考えたが，点Aでなくても点Bあるいは点Cを通る軸でもよく，その他の任意の点を選んでもよい．）

〔**例題 2.1**〕 図 2.6 のように棒が支え A, B によって支えられているとき, 点 C に力 P が垂直方向に作用する場合を考える. 棒の重量は無視できるほど小さいとする. このとき A, B を支点と呼ぶ. 支点 A, B が棒を支える力のことを反力という. 支点 A, B の反力を R_A, R_B と表すとき, R_A, R_B を P と a, b で表現せよ.

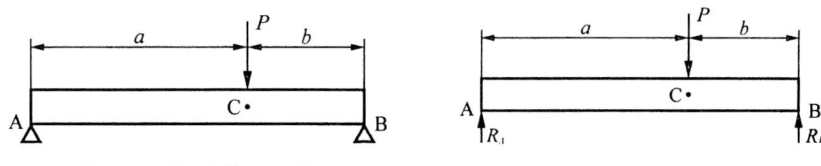

図 2.6 2 点で支持された棒 　　　　図 2.7 支点の反力

〔**解**〕 図 2.6 を力の平衡条件の観点からみると図 2.7 のように描き直すことができる. 図 2.7 を参照して平衡条件から解は, 次のようになる.

$$R_B = \frac{a}{a+b}P, \quad R_A = \frac{b}{a+b}P$$

図 2.7 のような問題で反力 R_A, R_B を求めるには,

（1）「力に関する平衡条件 1 個」と「回転モーメントに関する平衡条件 1 個」あるいは,

（2）「異なる 2 点を通る軸に関する回転モーメントの平衡条件 2 個」

を使えばよい. ただし, 混乱を避けるためには, (1) を基本的な方針とするのがよい.

〔**例題 2.2**〕 図 2.8 の問題で, 支点 A, B, C の反力 R_A, R_B, R_C を平衡条件だけから決定できるかどうか判定せよ.

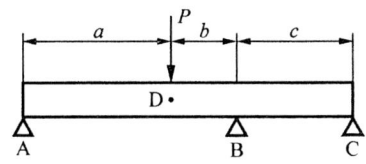

図 2.8 3 点で支持された棒

〔**解**〕 この問題は静力学によっては解くことはできない. この問題は,「不静定問題」と呼ばれるもので, 物体の変形を考慮しなければ反力を決定することはできない. (2.5 節参照)

2.2 引張りと圧縮

a. 棒の引張りにおける応力とひずみ

図 2.9 に示すような一様断面の丸棒を引っ張ると棒は伸びる.圧縮すれば縮む.伸びや縮みの程度は荷重 P と断面積 A の大きさによって異なる.たとえば,荷重が 2 倍に増えても断面積を 4 倍にすれば変形は前のものより少ないであろう.このように,荷重の大きさだけでは変形の程度や部材が受ける負担の大きさを決めることはできない.部材の負担の大きさは単位面積当たりに作用する力が問題である.この単位面積当たりに作用する引張り荷重,または圧縮荷重を垂直応力 (normal stress) といい σ で表す.すなわち,

$$\sigma = \frac{P}{A} \tag{2.4}$$

図 2.9 のような棒に荷重を 0 から負荷していくことは,応力 σ を 0 から増やしていくことに相当する.σ を増やしていくとき部材の変形はどのようになるであろうか.図 2.9 のような棒では棒の端部に一様な応力を負荷することは困難である.普通は図 2.10 のように端部にねじを有する試験片を製作し,中央部の直径が一様な部分の変形を測定する.これを引張り試験という.

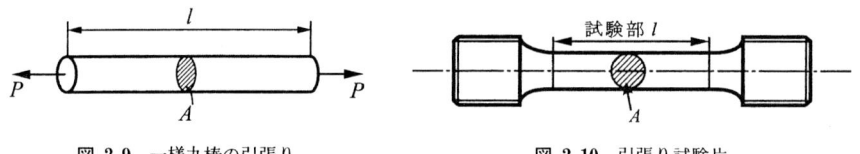

図 2.9 一様丸棒の引張り　　図 2.10 引張り試験片

試験部の初期の断面積を A,初期の長さを l,初期状態からの伸びを λ とする.λ そのものの大きさより単位長さ当たりの伸びが材料の変形の程度を表す物差しである.この単位長さ当たりの伸びまたは縮みを垂直ひずみ (normal strain) といい ε で表す.すなわち,垂直ひずみ ε を次式で定義する.

$$\varepsilon = \frac{\lambda}{l} \tag{2.5}$$

図 2.10 のような試験片を引張り試験すると,σ と ε の関係は軟鋼では図 2.11,銅やアルミ合金では図 2.12 のようになる.σ と ε が小さい値の範囲では負荷の途中で試験をやめて除荷するともとの長さに戻る.このような変形を弾性変形とい

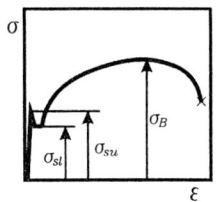
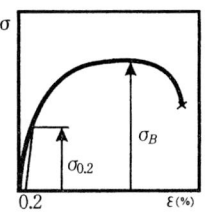

図 2.11 軟鋼の応力-ひずみ線図　　　図 2.12 非鉄金属の応力-ひずみ線図

う．しかし，σ が材料によって決まる限界値を越えると除荷しても永久変形が残り，もとの長さには戻らない．このような変形を塑性変形という．多くの鋼ではこの限界値は実験で明瞭に現れ，降伏点（yield point）と呼ばれている．軟鋼では降伏点近傍の挙動が若干複雑であり，弾性変形から塑性変形に移る点でピーク（上降伏点 σ_{su}）を示し，その後ほぼ一定値の応力で塑性変形が進行する領域（下降伏点 σ_{sl}）がある．しかし，銅やアルミなどの非鉄金属は明瞭な降伏点を示さないので，0.2% の永久変性（塑性変形）を示す応力を 0.2% 耐力（$\sigma_{0.2}$：0.2% proof stress）と称し，鋼の降伏点に相当する値として用いる．

　引張り強さ（ultimate tensile strength）σ_B は引張り試験で材料が耐える最大応力のことで，降伏点とともに強度設計上重要である．多くの金属材料で σ_{su} や $\sigma_{0.2}$ は 100 MPa～1000 MPa 程度，σ_B は 200 MPa～2000 MPa 程度である．もちろん，特殊な材料や特殊な熱処理を施したものは，この範囲外のものがある．しかし，本書で取扱う材料力学では，σ と ε の関係が弾性範囲のみの場合を対象とすることにする．弾性範囲では，棒の伸びあるいは縮み λ は荷重 P と棒の長さ l に比例し，断面積 A に反比例する．比例定数は材料に固有な値となる．これを E とすれば，以下の関係が成り立つ．

$$\lambda = \frac{Pl}{EA} \tag{2.6}$$

　これを，引張り圧縮のフックの法則（Hooke's law）という．式 (2.6) は次のように書き換えられる．

$$\frac{\lambda}{l} = \frac{(P/A)}{E} \tag{2.7}$$

したがって，フックの法則の別の表現として次式のように書くこともできる．

$$\varepsilon = \frac{\sigma}{E} \tag{2.8}$$

表 2.1 ヤング率の代表例

材料		
鋼（steel）	21000 kgf/mm²	206000 MPa （206 GPa）
銅（copper）	12400 kgf/mm²	122000 MPa （122 GPa）
アルミニウム	7200 kgf/mm²	69000 MPa （69 GPa）

E はヤング率(Young's modulus)または縦弾性係数と呼ばれている．表2.1に3つの材料の E の値を示す．E の値と，多くの材料の σ_{su} や $\sigma_{0.2}$ の値を考慮すると，式 (2.8) より弾性範囲のひずみはたかだか 10^{-3} のオーダであることがわかる．以下ではとくにことわらない限り，すべてフックの法則が成立する弾性範囲内の力と変形を問題にする．

b．引張りと圧縮の平衡条件と内力

外力が作用している物体の平衡条件を考える理由は，それが物体内部にどのような力（内力）が作用するかを知るカギとなるからである．

例として，図2.13のように，一端が固定された棒の他面に引張り荷重 P を負荷する問題を考えてみる．

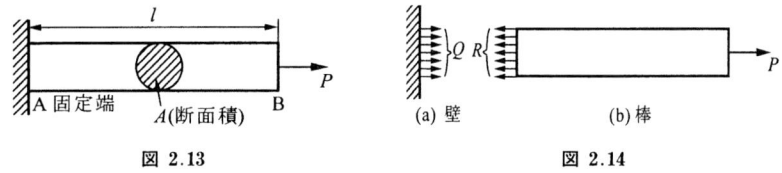

図 2.13　　　　　　図 2.14

まず，固定端（壁）A に働く力について考えると，図2.14(a) のように壁は棒から引張りを受ける．この値を Q とする．一方，壁とつながっている棒の端面は図2.14(b) のように壁から引張り力 R を受ける．R を壁の反力という．作用・反作用の法則より次の関係が成り立つ．

$$Q = R \tag{2.9}$$

また，棒が運動せず静止している条件（平衡条件）より次式が成立する．

$$R = P \tag{2.10}$$

式 (2.9) と式 (2.10) より次式の関係がある．

$$Q = R = P \tag{2.11}$$

式 (2.9) から式 (2.11) が得られるまでの考え方の順序は，重要な内容をもっており，式が簡単だからといって軽視してはいけない．R は棒が壁から受けてい

2.2 引張りと圧縮

る力でもある．このような力は内力と呼ばれる．内力は外部からは目に見えないが，材料力学を学ぶ過程で内力がイメージできるようにならなければならない．

ここでは棒と壁の境界面に作用する力を考えたが，棒の途中のある断面を想定しても，上述の考え方と結論は同じである．

c. 不静的問題の考え方

図 2.15 のように両端を固定された棒（断面積 A）に力 P が作用する場合には，AB 間と BC 間に作用する内力は平衡条件だけから決定することはできない．AB 間の内力を Q，BC 間の内力を R とすると，図 2.16 のような状態をイメージできる．Q と R は未知であるが，平衡条件から次式が成り立つ．

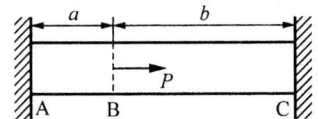 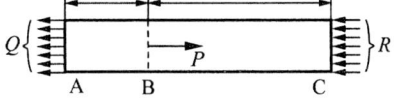

図 2.15 両端を剛体壁で固定された棒　　図 2.16 両端に作用する力

$$Q + R = P \tag{2.12}$$

未知量 2 個に対して式 1 個では，Q と R を決定できない．Q と R を決定するには，あと 1 つ条件を考えなければならない．それは変形の条件である．図 2.15 の問題の特徴は P が作用し，両端 A，C が固定されているということである．AB 間は引張りの内力 Q が作用し，BC 間は圧縮の内力 R が作用しているから AB 間は伸び，BC 間は縮むであろう．しかし，AB 間の長さは全体として不変でなければならない．フックの法則を使って，これを式で表現すると次のようになる．

$$\frac{Qa}{EA} - \frac{Rb}{EA} = 0 \tag{2.13}$$

式 (2.12)，(2.13) から，Q と R を求めると，次のようになる．

$$Q = \frac{b}{a+b}P, \quad R = \frac{a}{a+b}P \tag{2.14}$$

平衡条件だけから解ける問題を静定問題 (statically determinate problem) といい，図 2.15 の問題のように平衡条件と変形の条件を組み合わせないと解けない問題を不静定問題 (statically indeterminate problem) という．不静定問題は実際の問題としてしばしば登場する．

2.3 応力とひずみの性質

a. 2軸の応力と垂直ひずみ,およびフックの法則

棒を引っ張ったり,圧縮するときには一方方向の変形(伸びまたは縮み)だけを考えた.しかし,そのような場合でも棒の直径が変化していることに注意しなければならない.

図2.17のように,正方形の板に x 方向の引張り垂直応力 σ_x が作用する場合を例にとり,この問題を考えてみる.正方形の一辺の長さは単位長さとする.この板の変形前と変形後をそれぞれ実線と破線で描くと図2.18のようになる.x 方向には伸びて y 方向には縮む.x 方向の単位長さ当りの増加量を x 方向の垂直ひずみ (normal strain) といい ε_x で表す.同様に y 方向のそれを ε_y で表す.x 方向には伸び,y 方向には縮むので,このような場合には符号を $\varepsilon_x > 0$,$\varepsilon_y < 0$ と約束する.

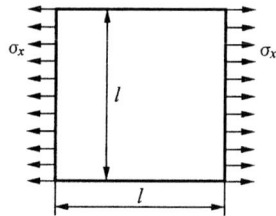

図 2.17　1軸応力 σ_x を受ける正方形板

図 2.18　図2.17の板の変形

図2.17のように1軸の応力を受ける場合には,σ_x,ε_x,ε_y には次のような関係がある.

$$\varepsilon_x = \frac{\sigma_x}{E} \tag{2.15}$$

$$\varepsilon_y = -\nu \varepsilon_x = -\nu \frac{\sigma_x}{E} \tag{2.16}$$

E は2.2a項で説明したヤング率(Young's modulus)である.ν はポアソン比 (Poisson's ratio) という.鋼では $\nu \approx 0.3$ であり,ほかの多くの金属材料でも 0.3 に近い値をとる.すなわち,図2.17のような場合には,y 方向には x 方向のひずみ ε_x の30%近くの ε_y で縮むことを意味している.

このような性質を考えると,板に x,y 2軸の応力 σ_x,σ_y が作用するときの変

形は次のように書ける.

$$\varepsilon_x = \frac{1}{E}(\sigma_x - \nu\sigma_y), \qquad \varepsilon_y = \frac{1}{E}(\sigma_y - \nu\sigma_x) \tag{2.17}$$

式 (2.17) を 2 軸のフックの法則という.この法則は均質等方弾性体が従うきわめて重要な法則である.

b. せん断応力とせん断ひずみ,およびフックの法則

正方形に垂直応力 σ_x, σ_y だけが作用する場合には,変形は x, y 方向の伸びまたは縮みだけであるから,正方形板は長方形に形を変える.すなわち,x 方向の辺と y 方向の辺の直角は変わらない.しかし,変形の型はこのような伸び,縮みだけとは限らない.図 2.19 に示すように角度のゆがみもまた別の変形の型である.このような角度のゆがみは図 2.20 に示すように面を摩擦するような応力によって生じる.このような応力をせん断応力 (shear stress または shearing stress) といい τ という記号で表す.また直角からのゆがみ量(角度:ラジアン)をせん断ひずみ (shear strain または shearing strain) といい γ で表す.

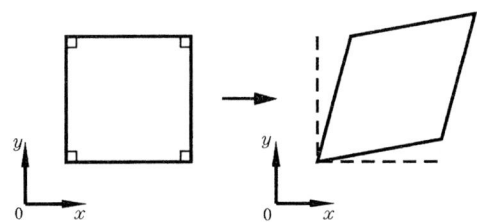

図 2.19 角度が変化する変形

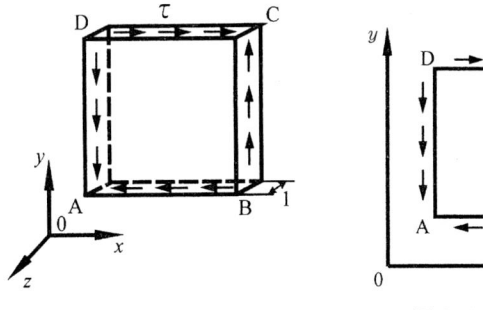

図 2.20 せん断応力

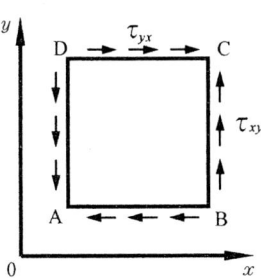

図 2.21 せん断応力

いま，せん断応力だけが作用する図 2.20 の板要素 ABCD の厚さを単位厚さとし，この板を x-y 平面に垂直な方向から見たのが図 2.21 である．平衡条件により面 AB と面 CD に作用するせん断応力は大きさが同じで作用する向きが逆でなければならない．なぜならば，板要素 ABCD に作用する x 方向の力は面 AB と面 CD に作用するもの以外にはないからである．このせん断応力は $y=$ 一定の面 AB と面 CD に x 方向に作用するので τ_{yx} と書く．同様な理由により面 BC と面 DA に作用するせん断応力は大きさが等しく，方向が逆である．これを τ_{xy} と書く．

さて，2.1 節で学んだように，物体が静止状態を保つためには，力の平衡条件のほかに回転の平衡条件を満たさなければならない．図 2.21 の板要素について点 A に関する回転の平衡条件を書くと次のようになる．

$$\tau_{xy} \times (\overline{BC} \times 1) \times \overline{AB} - \tau_{yx} \times (\overline{CD} \times 1) \times \overline{DA} = 0 \tag{2.18}$$

上式で（　）内はそれぞれ τ_{xy}，τ_{yx} が作用する面の面積を表している．

さて，$\overline{BC} = \overline{DA}$，$\overline{AB} = \overline{CD}$ であるから，式 (2.18) が成立する条件は，

$$\tau_{xy} = \tau_{yx} \tag{2.19}$$

となる．せん断応力に関するこの性質はきわめて重要である．

さて，先に説明したようにせん断応力は物体の形状のゆがみをひき起こす．図 2.22 に示すように，左図の板要素 ABCD にせん断応力 τ_{xy} が作用して，点 A の部分の直角ゆがみが右図のようになったとすると，ゆがみの総量 $\gamma_1 + \gamma_2$ をせん断ひずみといい，γ_{xy} で表す．すなわち，

$$\gamma_{xy} = \gamma_1 + \gamma_2 \tag{2.20}$$

γ_{xy} の大きさは τ_{xy} の値と材料に依存し，弾性変形の範囲では次のようになる．

$$\gamma_{xy} = \frac{\tau_{xy}}{G} \tag{2.21}$$

G を横弾性係数またはせん断弾性係数(shear modulus または modulus of elasticity in shear) という．単位は応力およびヤング率 E と同じであり，鋼の G は

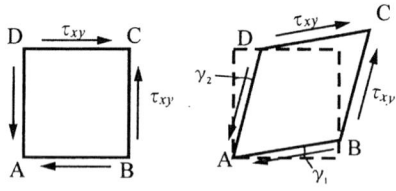

図 2.22

おおよそ $G=79.2\,\mathrm{GPa}$ である．式 (2.21) と式 (2.17) とを合わせて，平面応力に関するフックの法則という．

なお，ヤング率 E，ポアソン比 ν，せん断弾性係数 G の間には次の関係がある．

$$G=\frac{E}{2(1+\nu)} \tag{2.22}$$

c． 応力変換

物体に荷重が作用している場合に，物体内部にある面を想定すると，その面には一般に内力が作用している．内力は一般に面に対して傾いているのが普通である．この場合，その面には垂直応力とせん断応力が同時に作用していることになる．これらの応力は別の面を想定するとまた異なった値をもつであろう．同じ物体の中である面に作用する応力から別の面に作用する応力を求めることを応力変換という．x-y 座標系における σ_x, σ_y, σ_{xy} がわかっているとき，他の ξ, η 座標系に対する 2 次元の応力変換式は次のようにまとめることができる（θ は x 軸と ξ 軸のなす角度）．

$$\begin{aligned}
\sigma_\xi &= \sigma_x\cos^2\theta + \sigma_y\sin^2\theta + 2\tau_{xy}\cos\theta\sin\theta \\
\sigma_\eta &= \sigma_x\sin^2\theta + \sigma_y\cos^2\theta - 2\tau_{xy}\cos\theta\sin\theta \\
\sigma_{\xi\eta} &= (\sigma_y-\sigma_x)\cos\theta\sin\theta + \tau_{xy}(\cos^2\theta-\sin^2\theta)
\end{aligned} \tag{2.23}$$

d． 主応力と最大せん断応力

ある座標系での応力成分，たとえば，σ_x, σ_y, τ_{xy} がわかっているとき，別の座標系での応力成分は一般にこれらとは異なる値となるが，どの座標系での垂直応力，せん断応力が最大となるかを知ることは設計上重要である．なぜならば，材料の破損は垂直応力またはせん断応力がある限界値を越えたとき起こると考えられるからである．式 (2.23) から σ_ξ のとりうる最大値と最小値 σ_1, σ_2 を求めると，次のようになる．

$$\sigma_1, \sigma_2 = \frac{(\sigma_x+\sigma_y) \pm \sqrt{(\sigma_x-\sigma_y)^2+4\tau_{xy}^2}}{2} \tag{2.24}$$

ここで，大きい方を σ_1，小さい方を σ_2 とする．

σ_1, σ_2 を主応力（principal stress）と呼ぶ．とくに，σ_1 を最大主応力，σ_2 を最小主応力と呼び，これらが作用する方向の座標軸を主軸という．なお，せん断応

力の最大値 $|\tau_{max}|$ は，σ_1 と σ_2 を用いて計算すれば次のようになる.

$$|\tau_{max}| = \frac{\sigma_1 - \sigma_2}{2} \tag{2.25}$$

2.4 せん断とねじり

a. せん断またはねじりを受ける部材

はさみで紙を切ったり，ポンチで孔をあけたりするとき作用する応力が，引張りや圧縮の応力と性質が異なることは経験で理解しているであろう．この応力は2.3b項で学んだせん断応力なのである．また，ハンドルで軸を回す（ねじる）とき軸に作用する応力は引張り，圧縮，せん断のいずれの応力にも該当しないように思えるが，軸の断面に作用する応力はせん断応力である．図2.23ではりの断面積を A とすれば，せん断される断面の平均せん断応力は次式のようになる．

$$\tau = \frac{P}{A} \tag{2.26}$$

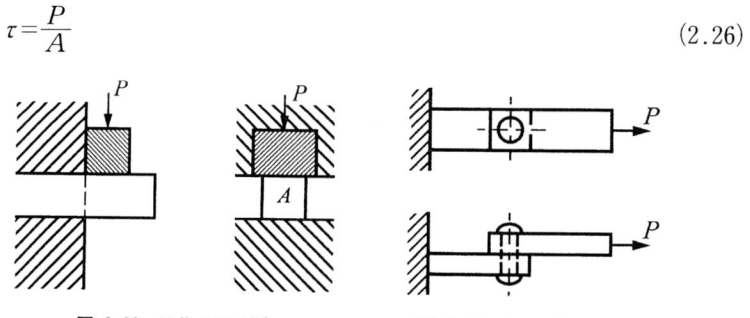

図 2.23 はりのせん断　　図 2.24 リベットのせん断

せん断を受ける最も典型的な機械要素はリベット(rivet, 図2.24)である．リベットは，大きいものは橋やタワーなどの構造の締めつけに使用され，小さいものは航空機の翼の板の張合せなどにも使用されている．構造の締めつけにはボルト(bolt)やねじ(screw)も使用されるが，ボルトやねじの役目は主に引張り荷重を受けもつ役目を果たす．リベットの役目は図2.24のように模擬的に描くことができる．リベットの断面が受ける平均のせん断応力は，式(2.26)で表される．

b. 丸棒のねじりによる応力と変形

機械や構造部材の中には，ねじり(torsion)を受けるものが多い．とくに，動力を伝達する回転軸には必ずねじりが作用する．

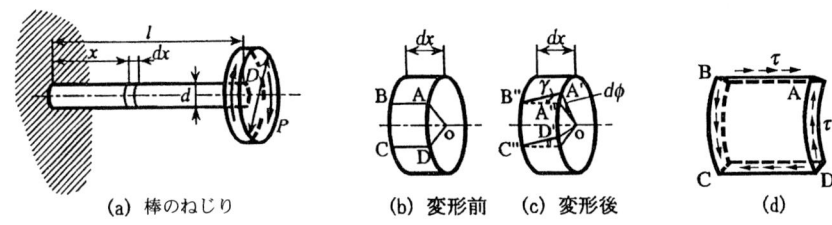

図 2.25 棒のねじりと部分の応力と変形

図 2.25 のように，一端が固定された直径 d の丸棒が他端に偶力を受ける場合を考えてみる．偶力 PD をねじりモーメント（twisting moment）または，トルク（torque）といい T で表す．すなわち，$T=PD$ である．図 2.25 では丸棒の一方の端を壁に固定し，他端に円板を取りつけてこの円板をつかんで回すことによってねじりモーメントを負荷している．

円形断面の棒（丸棒）がねじりを受けるときには断面は変形後も円形を保つ．また，変形が弾性変形の範囲であれば，直径および長さはほとんど変わらないことが実験で確かめられている．固定端より x の距離にある長さ dx の部分を切り出してみると，図 2.25(b) のように変形前に平行に引いた 2 本の線の変形後の相対的な関係は図 2.25(c) のようになる．円弧 A′A″ の中心角 $d\phi$（ラジアン：rad）が長さ dx の間でねじれた角度である．

直径が長さ方向で一定の丸棒の単位長さ当たりのねじれ角 $d\phi/dx$ は，丸棒の長さ全体にわたって一定である．これを比ねじれ角と呼び θ_0 で表す．すなわち，

$$\theta_0 = \frac{d\phi}{dx} \tag{a}$$

また，図 2.25(c) において，点 A が動いた量は $\frac{d}{2}d\phi$ であるから，せん断ひずみ γ は，

$$\tan\gamma = \frac{\frac{d}{2}d\phi}{dx} = \frac{d}{2}\theta_0 \tag{b}$$

ここで，γ は弾性範囲では非常に小さい値なので，$\tan\gamma = \gamma$ とみなせる．したがって，式 (b) は，

$$\gamma = \frac{d}{2}\theta_0 \tag{c}$$

この γ は図 2·25(d) の矢印で示すようなせん断応力によって生じる変形であ

る．

　図2.25(a)のような円形断面を有する丸棒に生じるせん断応力は，中心部と外周部とでは値が異なる．このせん断応力はねじりによって生じるので，特別にねじり応力ともいう．中心では0で外周部で最大値を取る．せん断応力を τ，横弾性係数を G とすれば，2.3c項の式(2.21)から $\tau = G\gamma$ であるから，外周部の τ を τ_{max} と表せば，τ_{max} は次式で表される．

$$\tau_{max} = G \cdot \frac{d}{2} \theta_0 \tag{2.27}$$

　せん断ひずみ γ は中心から外周部までの距離に比例して大きくなることが図2.25(c)からわかる．中心からの距離 r の丸棒内部のせん断応力は，式(2.27)の $d/2$ のかわりに r を代入すれば得られる．すなわち，

$$\tau = Gr\theta_0 \tag{d}$$

となる．あるいは，次のように表現することもできる．

$$\tau = \frac{2r}{d} \tau_{max} \tag{e}$$

　このように，丸棒中心のせん断応力は0で，丸棒に作用するせん断応力は中心からの距離に比例して大きくなる．

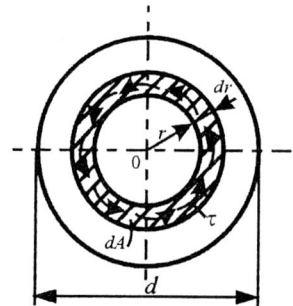

図 2.26　丸棒の断面に作用するせん断応力

　図2.26のように，丸棒の断面に注目し，中心から r のところに斜線で示す微小な環状の部分 dA をとり，その部分に働くせん断応力を τ とすれば，環状部分に働く力が作り出す軸中心o点まわりのモーメントは $\tau \cdot dA \cdot r$ となる．これを断面全体について総和（積分値）をとったものが，断面全体に働くモーメント，すなわち外から加えているねじりモーメント T に等しい．

$$T = \int_A \tau \cdot dA \cdot r \tag{f}$$

2.4 せん断とねじり

式 (f) に式 (d) の $\tau = Gr\theta_0$ を代入すれば,

$$T = \int_A Gr\theta_0 \cdot dA \cdot r = \int_A G\theta_0 r^2 dA \tag{g}$$

ここで, G は横弾性係数, θ_0 は比ねじれ角で長さ全体にわたって一定であるから, 式 (g) は次のようになる.

$$T = G\theta_0 \int_A r^2 dA \tag{h}$$

ここで, $\int_A r^2 dA$ は中心からの距離の 2 乗に面積を乗じたものを, 断面全体にわたって合計したものである. これを極断面 2 次モーメント (polar momennt of inertia) といい, I_p で表す.

$$I_p = \int_A r^2 dA \tag{2.28}$$

これを式 (h) に代入すると,

$$T = G\theta_0 I_p, \qquad \theta_0 = \frac{T}{GI_p} \tag{2.29}$$

となる. θ_0 は単位長さ当たりのねじれ角であるから, 棒全体のねじれ角, すなわち全ねじれ角 ϕ は, θ_0 に棒の長さ l をかければ求まる. すなわち,

$$\phi = \theta_0 l = \frac{Tl}{GI_p} \quad [\text{rad}] \tag{2.30}$$

GI_p はねじれ剛さ, または, ねじり剛性と呼ばれている.

また, せん断応力 τ は, 式 (d) の $\tau = Gr\theta_0$ に式 (2.29) を代入して,

$$\tau = \frac{Tr}{I_p} \tag{i}$$

したがって, 軸に生じる最大せん断応力 τ_{max} は, $r = \frac{d}{2}$ (丸棒の半径) とおけば次式で表される.

$$\tau_{max} = \frac{Td}{2I_p} \tag{2.31}$$

ねじれ角 ϕ やせん断応力 τ_{max} の実際の計算には極断面 2 次モーメント I_p の具体的な表現が必要である. 式 (2.28) において $dA = 2\pi r \cdot dr$ となることを考慮すると, I_p は次のように計算される.

$$I_p = \int_0^{d/2} 2\pi r^3 dr = 2\pi \left[\frac{r^4}{4}\right]_0^{d/2} = \frac{2\pi}{4}\left\{\left(\frac{d}{2}\right)^4 - 0\right\} = \frac{\pi d^4}{32} \tag{2.32}$$

したがって，τ_{max} は，次のようになる．

$$\tau_{max} = \frac{T \cdot \frac{d}{2}}{\frac{\pi d^4}{32}} = \frac{16T}{\pi d^3} \tag{2.33}$$

2.5 はりの曲げ

a．はりの支持方法

はり（梁；beam）を支持する方法にはいろいろな方法がある．多くの場合に問題となるのは，単純支持と固定支持である．単純支持には，図2.27(a)のようなナイフエッジ支持，(b)のようなローラー支持，(c)のようなピン支持がある．単純支持の特徴は，支持点でのはりの回転は自由であることである．

単純支持のはりに荷重が作用する簡単な例を図2.28に示す．

固定支持は図2.29に示すように，はりのたわみ（変形 deflection）も回転も許さないような支持のしかたである．剛性の高い壁に埋め込まれたはりや溶接されたはりの支持は，この条件に近いものとみなすことができる．はりのたわみを w で表すと，単純支持では $w=0$ であり，1階微分（傾斜または回転角）w' につい

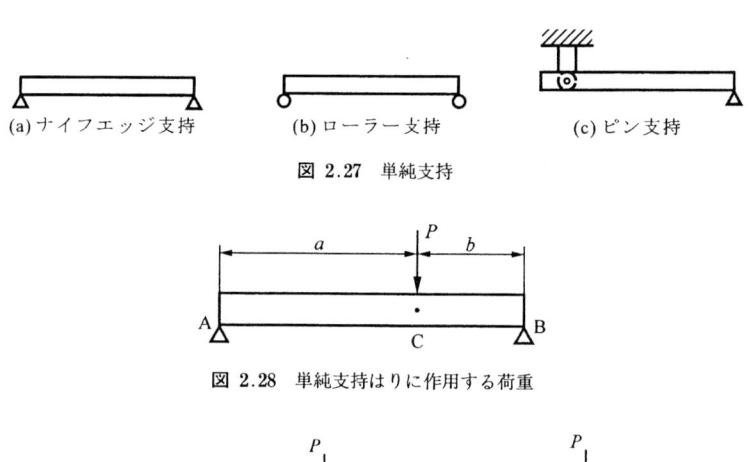

(a) ナイフエッジ支持　　(b) ローラー支持　　(c) ピン支持

図 2.27 単純支持

図 2.28 単純支持はりに作用する荷重

(A) 片持はり　　(B) 両端固定はり

図 2.29 固定支持

ては制限をつけられない．これに対して固定支持点では，$w=0$，$w'=0$である．すなわち，固定支持部では変位が生じないばかりでなく，傾きの変化もない．

b. せん断力と曲げモーメント

構造中のはりの役目から想像できるように，はりにはせん断力 (shearing force) が作用する．この力は 2.4 節 a で学んだはりのせん断と同じ作用をもたらすものである．図 2.28 のように荷重 P がかかると，はりにはせん断力が作用し，はりは曲がるが，曲がりの直接の原因はせん断力ではなく，せん断力が原因となって断面に作用する曲げモーメント (bending moment) である．

曲げモーメントは部材に曲げ変形を起こす原因となるモーメントであり，これを考える際には常に部材中のある断面を想定しなければならない．また，2.1 節で述べた構造体の回転の平衡を考える際の回転モーメントと勘違いしてはいけない．ここで問題にしているせん断力と曲げモーメントは，物体の内部に作用する力すなわち内力である．

〈例 1〉 片持ちはり（図 2.30）の先端に集中荷重 P が作用する場合の内力

任意の断面 $A(x=x)$ に作用するせん断力と曲げモーメントを考えるため，AB 部分の平衡を考える．このとき AB 部分を全体から切離して考えるのは，2.1 節と 2.2 節の平衡条件と同様の考え方を適用するためである．

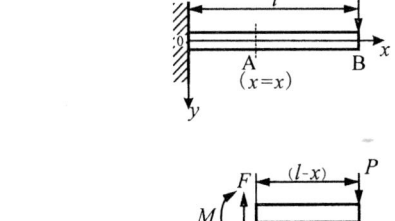

図 2.30 片持はり

AB 部分が静止している（静的平衡を保つ）ためには，AB 部分は A の断面において A の左の部材から矢印の向きのせん断力 F と反時計回りのモーメント M を受けており，これらの値はそれぞれ

$$F = P \tag{2.34}$$

$$M = P(l-x) \tag{2.35}$$

でなければならない．

c. 曲げモーメントを受けるはりの応力と変形

はりは曲げモーメントを受けることによって曲がる．はりが曲げモーメント M を受けるということは，具体的には図 2.31 のような力の対がはりの両端に作用しているということである．

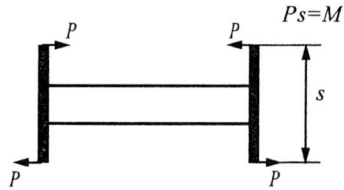

図 2.31 曲げモーメントの作用

まず，長方形断面を有するはりを円弧状に曲げる場合を例にとってこの問題を考えてみよう．

図 2.32(a) は変形前のはりである．はりの中央面 $y=0$（中立面という）に x 軸を取り，軸を下方にとる．これが図 2.32(b) のように円弧状に曲がった状態を想定してみる．曲がるということははりの下の面が伸びて，上の面は縮むということである．はりには曲げモーメントだけが作用し，図 2.31 に作用するはりの長手方向の 2 つの力は対をなし，大きさが同じで向きが逆であるから打ち消し合い，はりを全体的に引っ張る荷重または圧縮する荷重は作用していない．したがって，曲げモーメントだけが作用している場合には，はりの上下面の両方が伸びることはない．つまり中間に伸び縮みしない面があることになる．

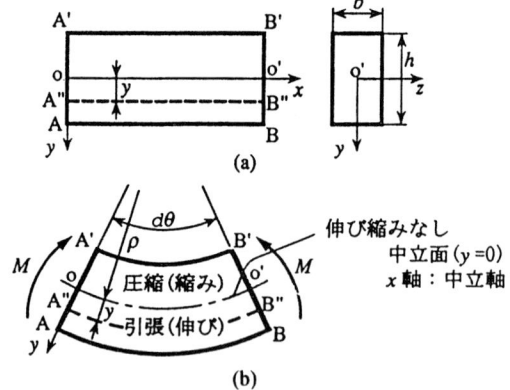

図 2.32 曲げモーメントの作用による円弧状の変形

2.5 はりの曲げ

　図 2.32 のように一定曲げモーメント M がはりに作用する場合には，はりの長手方向のどの位置の変形も同じであるから，平面 AA′，BB′ は変形後も平面を保持すると考えられる．AB，x 軸，A′B′ あるいはこれと平行な面すべてが円弧状になるが，板の中央面（$y=0$ における x 軸方向の長さ）は伸び縮みしないと考えることができる．伸び縮みしない面を中立面という．円弧状をなす中立面の曲率半径を ρ とし，ρ と曲げモーメント M の関係を導く．

　円弧状に曲がったはりの中心角を $d\theta$ とすると oo′$=\rho d\theta$ となり，変形前に $y=y$ の位置にあったはりの繊維 A″B″ は変形後 $(\rho+y)d\theta$ の長さになる．この繊維も変形前は A″B″$=$oo′$=\rho d\theta$ であるから，変形後の x 方向のひずみ ε_x は次のようになる．

$$\varepsilon_x = \frac{伸び}{変形前の長さ} = \frac{(\rho+y)d\theta - \rho d\theta}{\rho d\theta} = \frac{y}{\rho} \tag{2.36}$$

　したがって，フックの法則から A″B″ に生じる応力 σ_x は次のようになる．

$$\sigma_x = E\varepsilon_x = \frac{Ey}{\rho} \tag{2.37}$$

すなわち，「はりが円弧状に曲がった状態では，内部の応力は直線的に引張り応力から圧縮応力まで変化する」．これを図示すると，図 2.33 のようになる．

　これから曲げモーメント M を計算すると，次式のように表される．

$$M = \int_A \sigma_x dA \cdot y = \frac{E}{\rho} \int_A y^2 dA \tag{2.38}$$

　上式で，dA は図 2.33(b) に示すように断面の bdy のことである．したがって，$\sigma_x dA$ は微小面積に作用する力で，これに中立面からの距離 y をかけたものがこの微小面積が分担する曲げモーメントである．この量を断面全体にわたって合計（積分）したものが，作用している曲げモーメント M と等しいことになる．

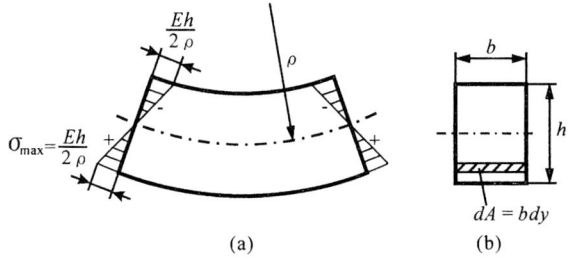

図 2.33　曲げによる応力の分布状態

式 (2.38) において，積分 $\int_A y^2 dA$ を断面2次モーメント (moment of inertia) といい I で表す．I の大きさは曲げに対する抵抗の大きさを表す．すなわち，次のように書ける．

$$I = \int_A y^2 dA \tag{2.39}$$

$$M = \frac{EI}{\rho} \quad \text{または} \quad \frac{1}{\rho} = \frac{M}{EI} \tag{2.40}$$

長方形断面についてこの I を具体的に計算すると次のようになる．

$$I = \int_A y^2 dA = \int_{-h/2}^{h/2} by^2 dy = b\left[\frac{y^3}{3}\right]_{-h/2}^{h/2} = \frac{bh^3}{12} \tag{2.41}$$

長方形断面の曲げに対する抵抗値は，断面の幅 b より高さ h の寄与が大きいことが式 (2.41) から理解できる（図 2.33）．

作用している応力の最大値（最大曲げ応力）σ_{max} は，式 (2.37) で $y = h/2$ を代入すればよいから，

$$\sigma_{x max} = \frac{Eh}{2\rho} = \frac{Mh}{2I} = \frac{M}{\dfrac{I}{h/2}} \tag{2.42}$$

となる．ここで，

$$Z = \frac{I}{h/2} \tag{2.43}$$

とおけば次のように書け，Z のことを断面係数という．

$$\sigma_{max} = \frac{M}{Z} \tag{2.44}$$

長方形断面の Z は次のようになる．

$$Z = \frac{bh^2}{6} \tag{2.45}$$

はりの断面が円形の場合には，上記の諸量は次のようになる．丸棒の直径を d とすると，

$$I = \frac{\pi}{4} a^4 = \frac{\pi d^4}{64} \tag{2.46}$$

$$Z = \frac{I}{d/2} = \frac{\pi d^3}{32} \tag{2.47}$$

$$\sigma_{max} = \frac{M}{Z} = \frac{32M}{\pi d^3} \tag{2.48}$$

2.5 はりの曲げ

ところで,はりのたわみ w が小さい問題では近似的に次式が成り立つ.

$$\frac{1}{\rho} = -\frac{d^2w}{dx^2} \tag{2.49}$$

ここで,ρ の符号は図 2.32 より下に凸に曲がる場合の曲率半径を正,その逆を負と約束している.ρ と M とは式 (2.40) の関係があるから,結局,次のはりの曲げの微分方程式が得られる.

$$\frac{d^2w}{dx^2} = -\frac{M}{EI} \quad (2.50\,\mathrm{a}) \quad \text{または} \quad EI\frac{d^2w}{dx^2} = -M \quad (2.50\,\mathrm{b})$$

ここで,M は $x=x$ における曲げモーメントで,一般に x の関数であり,符号は図 2.32 のようにはりを下に凸に曲げようとするものを正とする.式 (2.50 a) または式 (2.50 b) を積分すると変位 w が得られる.

図 2.34 の問題をこの方法で解くと,

$$EIw'' = -(-M), \qquad EIw' = Mx + C_1$$

$x=0$ で $w'=0$ より,$C_1=0$,

$$EIw = \frac{1}{2}Mx^2 + C_2$$

$x=0$ で $w=0$ より,$C_2=0$.よって,

$$EIw = \frac{1}{2}Mx^2$$

$$w = \frac{Mx^2}{2EI} \tag{2.51}$$

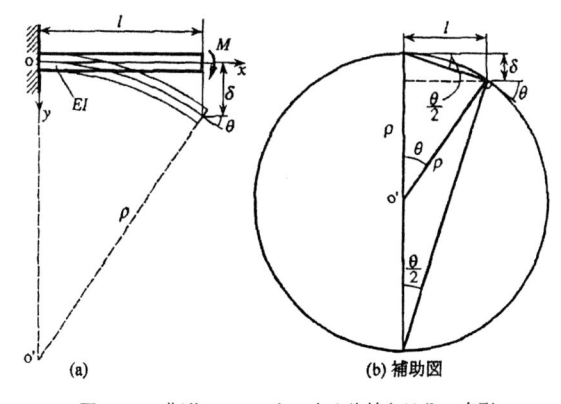

$x=l$ のとき,

図 2.34 曲げモーメントによる片持ちはりの変形

$$w = \frac{Ml^2}{2EI} \tag{2.52}$$

$$w' = \frac{Ml}{EI} \tag{2.53}$$

〔例題 2.3〕 上の方法で図 2.35 の片持ちはりの先端の変位と傾きを求めよ．

〔解〕
$$w = \frac{Pl^3}{3EI} \tag{2.54}$$

$$w' = \frac{Pl^2}{2EI} \tag{2.55}$$

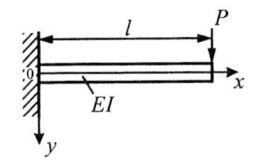

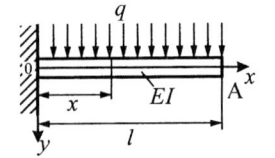

図 2.35 先端に集中荷重が作用する片持ちはり

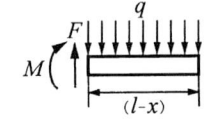

図 2.36 分布荷重が作用する片持ちはり

〔例題 2.4〕 図 2.36 の片持ちはりの先端の変位と傾きを求めよ．ただし q は，はりの単位長さ当たりに分布する荷重である．

〔解〕
$$w = \frac{ql^4}{8EI} \tag{2.56}$$

$$w' = \frac{ql^3}{6EI} \tag{2.57}$$

図 2.34，2.35，2.36 は，はりの基本問題として応用が広く重要である．

2.6 柱 の 座 屈

a．座屈現象とは何か

プラスチックでできた 30 cm 定規を手のひらではさんで圧縮するとき，圧縮力がある値に達すると定規は急に曲がってしまう．これは座屈現象の身近な例である．ピンポン玉を指で押さえるとある限界以上の力でへこむ現象や，自動車のボディに物が当たるとへこむ現象も同じ座屈現象である．

この現象の特徴は，力と変形の関係がある限界荷重を境にして，1つの平衡状態からまったく異なるもう1つの平衡状態に飛び移ることである．

長い柱を圧縮するとき，圧縮荷重がある限界荷重（critical load）に達すると急に大きく曲がり，場合によっては倒れたり，破壊したりする．この現象は柱の座屈（buckling）として古くから知られている．柱が短ければこのような大きい曲げ変形は起こらず，つぶれる（破壊する）まで圧縮することができる．

圧縮荷重を P，座屈が起こる限界荷重を P_{cr} で表し，以下に座屈現象を説明する．

b. 弾性長柱の圧縮による座屈

図 2.37(a) のように長柱が圧縮荷重を受ける問題を考える．この状態で何らかのじょう乱があり，柱の先端が左右にわずかにずれたとしても，P がある限界値 P_{cr} より小さければ，じょう乱がなくなった後には再び柱は図 2.37(a) の状態に戻るが，P が P_{cr} に達していればもとには戻らないことを計算で示そう．

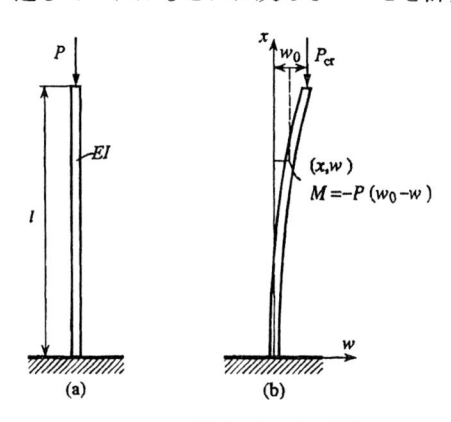

図 2.37 圧縮荷重を受ける長柱

$P < P_{cr}$ のときもとの状態に戻るのは，柱自身の弾性によるものである．P_{cr} を決定するには，図 2.37(a) の状態のほかに図 2.37(b) のような別の安定な平衡状態があると仮定して，水平方向に変位した後の形を考える．ここでは，圧縮による変形は曲げ変形に比べて小さいので無視する．図 2.37(b) の状態を記述するには 2.5 節のはりの曲げの微分方程式を使えばよい．すなわち，

$$EI \frac{d^2w}{dx^2} = -M \tag{2.58}$$

柱の先端の水平方向の変位を w_0，支持点から x の変位を w とすると，点 $(x,$

w) における曲げモーメント M は次式のようになる.

$$M = -P(w_0 - w) \tag{2.59}$$

式 (2.58), (2.59) より,

$$EI\frac{d^2w}{dx^2} = P(w_0 - w) \tag{2.60}$$

これを書きなおして,

$$\frac{d^2w}{dx^2} + \frac{P}{EI} \cdot w = \frac{P}{EI} \cdot w_0 \tag{2.61}$$

ここで,

$$\alpha^2 = \frac{P}{EI} \tag{2.62}$$

と置くと, 式 (2.61) の解は次式のようになる.

$$w = A\cos\alpha x + B\sin\alpha x + w_0 \tag{2.63}$$

上式中 A, B は境界条件から決まる定数である.
$x=l$ で $w=w_0$ から,

$$A\cos\alpha l + B\sin\alpha l = 0 \tag{2.64}$$

$x=0$ で $w=0$ から,

$$A + w_0 = 0 \quad \text{すなわち} \quad A = -w_0 \tag{2.65}$$

$x=0$ で $w'=0$ から,

$$B = 0 \tag{2.66}$$

式 (2.64)〜(2.66) から,

$$w_0 \cos\alpha l = 0 \tag{2.67}$$

すなわち, 次の結果が得られる.

$$\alpha l = \frac{\pi}{2}, \frac{3}{2}\pi, \frac{5}{2}\pi, \cdots, \frac{2n-1}{2}\pi \quad (n=1, 2, 3\cdots) \tag{2.68}$$

$\alpha l = \frac{\pi}{2}$ のとき $\alpha^2 = \frac{\pi^2}{4l^2}$ であるから, 式 (2.62) から,

$$\frac{P}{EI} = \frac{\pi^2}{4l^2} \tag{2.69}$$

結局, 最小の座屈荷重を P_{cr} として,

$$P_{cr} = \frac{\pi^2 EI}{4l^2} \tag{2.70}$$

が得られる. このようにして得られた P_{cr} をオイラー (Euler) の座屈荷重という.

2.7 機械に使用されている材料

1台の自動車は約3万点の部品から成っており，使用されている材料の種類も膨大な数になる．使用されている材料を強度と機能の面から分類するとき，強度部材に使用されている材料は，まず材料力学的な検討が必要である．一方，コストや重量面からの制約は，材料力学的な検討に厳しい条件をつけることになる．そのため，使用できる材料は必ずしもコストの高い強度鋼というわけにはいかない．

構造用材料として最も多く使われているのは，構造用炭素鋼（SC材）である．SC材は炭素量が0.1%程度から1.0%前後までのものがあり，熱処理の組合せによって種々の目的に合わせた強度部品を作ることができる．典型的なものとしてS10C，S20C，S45Cなどと呼ばれるものがある．これらは，炭素量がそれぞれ約0.1%，0.2%，0.45%である．

化学成分の変化と熱処理の組合せによって，もっと多様な要求に応えるために多くの鋼が開発されている．たとえば，耐食性を有するステンレス鋼，耐摩耗性を有する工具鋼，高温強度を有するニッケル合金などがある．

炭素量が3%を越える鉄は古くから鋳鉄として知られており，現在でも用途が広い．とくに，組織中の黒鉛の形が球状に制御されているものは延性にすぐれ，ダクタイル鋳鉄として現在でもその性質の改良が進んでいる．

非鉄金属材料のアルミ合金，銅合鋼，チタン合金なども，構造物や機械の軽量化や機能に重要な役割を有している．

プラスチックに代表される高分子材料やそれから発展した繊維強化複合材料なども，軽量，耐食性などの長所を生かして用途が広がっている．ただし，大まかにいってプラスチックのヤング率は鉄鋼材料の約1/100，強度は約1/10程度であることを考慮に入れておかねばならない．

セラミックスやその複合材料も，高温機器や耐久性を要求される機械要素として使用されている．

これら材料の性質や選択方法については多くの便覧やガイドブックが出版されている．

2.8 強度設計の基本

機械や構造物を設計するときの最も重要なことは，使用中に壊れないことであ

る．破損や破壊は重大な人的，物的損失をもたらすので絶対に避けなければならない．その意味で，強度面からの品質保証は効率の達成に優先させなければならない．

多くの機械は，1回の使用ではなく何回も使用した後に破損や破壊を生じるので，1回の使用で問題が生じないからといって安全と判断することはできない．機械の破損事故の原因の90%以上は疲労によるものといわれている．材料はある限度（疲労限度）以上の応力を繰返し加えると，はじめ微小なき裂が発生し，それが応力の繰返しとともに進展，拡大し，ついには機械や構造物の最終的な破壊をもたらす．疲労き裂の発生場所は最も大きい応力が繰り返される部分である．部材には本章で取り扱ったような単純な棒やはりの形ではなく，孔，切欠き，溝，段などがあり，これらの部分の応力は他の部分に比べてとくに大きな値になる．この現象を応力集中という．したがって，強度設計では応力集中が大きくならないような形状になるように工夫をするとともに，解析などによって応力集中の値を正確に把握して，ある程度の応力が集中してもその部分から疲労き裂が発生して破壊をもたらすことがないように寸法，材料の選択，負荷を検討しなければならない．もし，強度設計において不確定な条件がある場合には，定期的な点検や計画されたメンテナンスの指示を示すことも設計者の役割である．

演習問題

2.1 断面積 A，長さ l，ヤング率 E のワイヤー2本が図2.38のようにつながれ，結び目に垂直荷重 P が作用するとき，着力点の変位 δ を求めよ．

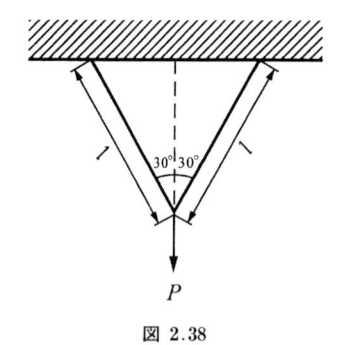

図 2.38

演 習 問 題

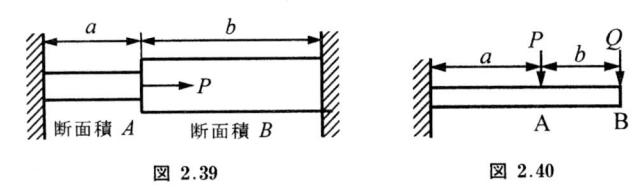

図 2.39

図 2.40

2.2 図 2.39 において着力点の変位を求めよ．ただし，ヤング率を E とする．

2.3 ある板の表面の 1 点でひずみを測定したところ，$\varepsilon_x = 2 \times 10^{-3}$, $\varepsilon_y = 1 \times 10^{-3}$, $\gamma_{xy} = 1 \times 10^{-3}$ であった．ヤング率が $E = 206$ [GPa]，ポアソン比が $\nu = 0.3$ であるとき，この点の σ_x, σ_y, τ_{xy} および最大引張り応力 σ_1 を求めよ．

2.4 直径 100 [mm] の鋼に作用するせん断応力の最大値が 100 [MPa] を越えないために，許容できる最大のねじりモーメントはいくらか．

2.5 図 2.40 の着力点 B の変位 δ を求めよ．ただし，ヤング率を E，はりの断面 2 次モーメントを I とする．

2.6 (a), (b) 2 種類の断面を有する 2 つの柱がある．(a) は直径 d の円形断面，(b) は断面寸法が $\frac{1}{2}d \times 2d$ の長方形断面である．(a) の座屈荷重 P_a と (b) の座屈荷重 P_b の比 P_a/P_b を求めよ．

3. 機 械 力 学

　機械は内部に多数の動く要素をもっている．機械力学（dynamics of machinery）とは，ニュートンの運動の法則に基礎をおいて，要素が動くという効果（動的効果）を考慮することを通して機械設計に貢献することを目的とする学問分野である．機械力学は，機械要素の運動にのみ着目した機構学や，機械の動的現象の代表である振動現象を取り扱う機械振動学とも密接な関係をもっている．そこで本章では，機構学，機械力学および機械振動学の基礎的事項について学習する．

3.1 リンク機構

a．機構学の基礎知識

　機構学では，運動の発生原因である力の作用は無視して，機械要素の運動の発生形態とその記述方法にのみ着目する．そのうえで，入力側で与えられる運動から出力側に要求される運動を生じさせるように，入出力の間を結びつける各部分の形状と結合方法とを考える．つまり，機構（mechanism）とは，ある与えられた運動から必要とされる運動を得るために，抵抗性のある物体を組み合わせたものである．この物体を機構学では一般に剛体（弾性変形が無視できるような物体）とみなし，結合部のガタは無視する．また，図3.1に示すように，物体の運動形態に関する機構学的な意味が失われない範囲で，点と線とを用いて機構をなるべく簡潔に表示する．

　物体の運動を考えるうえで基本となるのは，自由度という概念である．自由度とは，ある系が何通りの独立な運動を行いうるかを表すもので，その系の運動を正確に記述するのに最低限必要な変数の個数に一致する．たとえば，無重力の3次

3.1 リンク機構

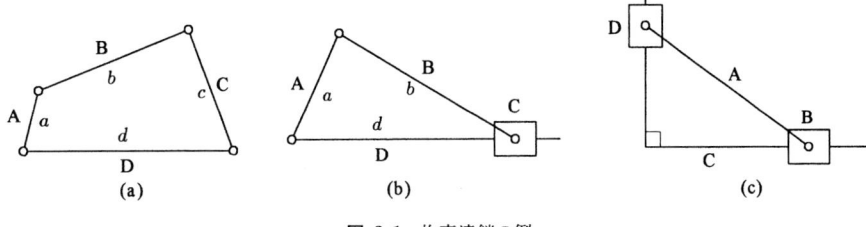

図 3.1 拘束連鎖の例

元空間に浮かぶ自由な剛体を考えると,直交3軸方向の3通りの並進運動と3軸回りの3通りの回転運動の計6通りの独立な運動が可能である.したがって,剛体1個当たりの自由度は最大6である.ただし,平面内や1軸回りに運動が拘束されると自由度は6から減少する.

以下,いくつかの機構学の用語について説明する.

まず,機構を構成する各部分を節またはリンク(link)という.各節は,入力側にあって外部からエネルギーを取り入れて動く原動節,出力側にあって所要の運動を伴って外部に仕事をする従動節,原動節と従動節との間を結合する中間節,およびこれらの節を支持してまとまりのある機構とする台枠に分類される.

2つの節が互いに接触して,一方の節が他方に対してある特定の相対運動のみを行いうるように拘束されているとき,この組合せを対偶(pair)という.対偶は,主に面と面とで接触する低次対偶,および線または点で接触する高次対偶に分類

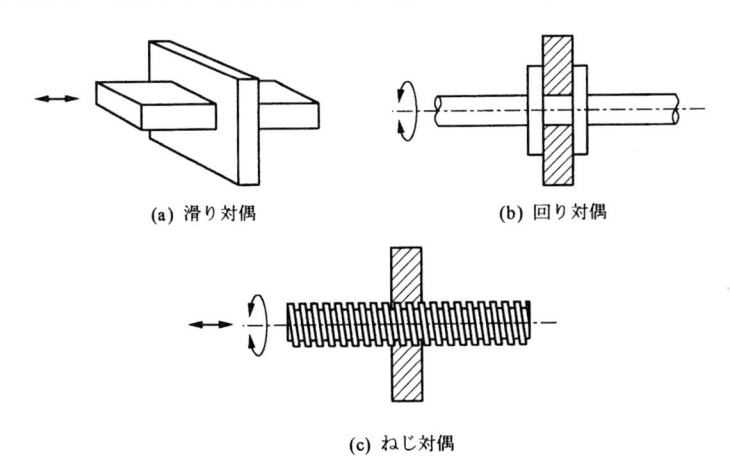

図 3.2 拘束対偶

される．また，対偶をなす2つの剛体間の相対運動を表すために最低限必要な変数の個数を，対偶の自由度という．とくに，低次対偶のなかで自由度が1の対偶（これを拘束対偶という）は，図3.2に示すような滑り対偶（sliding pair），回り対偶（turning pair）およびねじ対偶（screw pair）の3種類のみである．

図3.1に示すように，いくつかの節が対偶によって順次結合され，全体が1つの閉じた形を構成したものを連鎖（chain）という．また，連鎖の1つの節を固定したとき，残りの各節の相対運動を表すために最低限必要な物理量の個数を連鎖の自由度といい，自由度が1の連鎖を拘束連鎖という．一方，各節の相対運動が1つの平面に平行な平面運動である連鎖を平面連鎖，各節の相対運動が平面運動とは限らない連鎖を立体連鎖と呼ぶ．平面連鎖の自由度は次式で求められる．

$$f = 3(n-1) - 2p_1 - p_2 \qquad (3.1)$$

ここに，fは自由度，nは節数，p_1は自由度1の対偶の個数，p_2は自由度2の対偶の個数である．

通常の機械では，安全で確実な動作を保証するためにも，入出力間の関係が1対1に対応していることが望ましい．したがって，そのような機構を得るには，適当な拘束連鎖の1つの節を固定すればよいことがわかる．ただし，同じ拘束連鎖から，固定する節を変更することによって異なる機構が得られることがある．これを連鎖の置き換えと呼ぶ．連鎖の置き換えは，既存の機構を改良して新しい機構を考案する際の有力な指針となる．

b． リンク機構の基になる連鎖

比較的長い棒状の剛体を低次対偶で結合した拘束連鎖から得られる機構をリンク機構（linkage mechanism）という．平面連鎖の場合，n個の節をn個の拘束対偶で結合した連鎖が拘束連鎖となるための条件は，式(3.1)で$p_1=n$，$p_2=0$とおくと$n=4$となる．このため，4個の節を4個の拘束対偶で結合した平面連鎖がリンク機構としてよく用いられるが，なかでも次のような3種類の拘束連鎖（図3.1参照）の応用例が多い．

（1） 4節回転連鎖（quadric crank chain）：回り4個
（2） スライダクランク連鎖（slider crank chain）：回り3個，滑り1個
（3） 両スライダクランク連鎖（double slider crank chain）：回り2個，滑り2個

これらの連鎖の中の1つの節を固定して得られる機構において，固定節の回りを完全に回転できる節をクランク (crank)，固定節に対して揺動運動する節をてこ (lever)，滑り運動する節をスライダ (slider)，原動節と従動節とを結合する節を連接棒 (connecting rod) と呼ぶ．

c. 4節回転連鎖から得られる機構

図3.1(a) に示すように，長さが a, b, c, d の節 A, B, C, D が4節回転連鎖になりうる条件は，これらの節が四角形を構成できなければならないので，

$$a<b+c+d, \quad b<c+d+a, \quad c<d+a+b, \quad d<a+b+c \quad (3.2)$$

となる．一方，$a<b,c,d$ のとき，最短の節 A が隣接する節 B, D の回りを完全に回転できる条件（グラスホフの定理）は次式で与えられる．

$$a+b \leqq c+d, \quad a+c \leqq b+d, \quad a+d \leqq b+c \quad (3.3)$$

式 (3.3) を満足する4節回転連鎖において，最短節 A と対偶をなす節 B または節 D の一方を固定したてこクランク機構または最短節 A を固定した両クランク機構がよく用いられる．このうち，てこクランク機構は次のような特徴を有する．

図3.3のてこクランク機構の最短節 A を点 O の回りに回転させたとすると，節 C は点 R の回りを揺動運動する．節 A の反時計方向の回転角速度が一定であるとすれば，節 C の点 Q_1 の位置から点 Q_2 の位置に向けての運動（往き）とその逆向きの運動（戻り）に要する時間は，それぞれ θ_1 および θ_2 に比例する．一般に $\theta_1 > \theta_2$ なので，戻りに要する時間の方が短い．これを早戻り運動 (quick return motion) という．また，往きと戻りに要する時間の比 θ_1/θ_2 を早戻り比という．

図3.3の機構で節 C を原動節および節 A を従動節とする場合には，拘束運動の

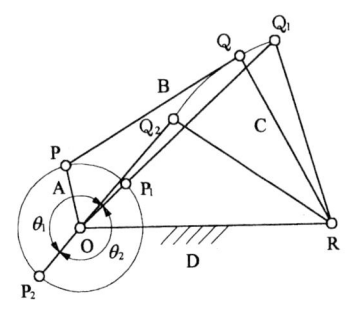

図 3.3 てこクランク機構

途中で不拘束となる思案点，および拘束運動の途中で動力を伝達できなくなる死点が現れる．図 3.3 の機構では，思案点と死点はいずれも点 Q_1 および点 Q_2 となる．節 A を原動節および節 C を従動節とする場合には，両者ともに現れない．

てこクランク機構の応用例としては，原動節 A に加えた小さな力 F に対して従動節 C で大きな力 F' を発生させる倍力装置や，早戻り運動を利用したコピー機，揺動運動を利用した自動車のワイパ等がある．

d. スライダクランク連鎖から得られる機構

図 3.1(b) からわかるように，節 A が節 B, D の回りを完全に回転できる条件は $a \leqq b$ で与えられる．この条件を満足する連鎖の中で，節 D を固定したピストンクランク機構および節 A を固定した回転スライダクランク機構がよく用いられる．このうち，ピストンクランク機構は往復運動と回転運動との間の変換機能を有する機構であり，往復型内燃機関などで幅広く用いられている．

e. 両スライダクランク連鎖から得られる機構

図 3.1(c) に示すように，2 つのスライダ軸の方向が直交する連鎖がよく用いられる．このうち，節 A を固定すると，平行ではあるが軸間がずれている 2 軸の間に等しい角速度で回転を伝えるオルダム継手 (図 3.4) が得られる．また，節 D を固定すると単弦運動機構 (図 3.5) が得られ，節 A が一定角速度 ω で回転するのに伴って節 C は $r(1-\cos\omega t)$ のように単弦運動を行う．

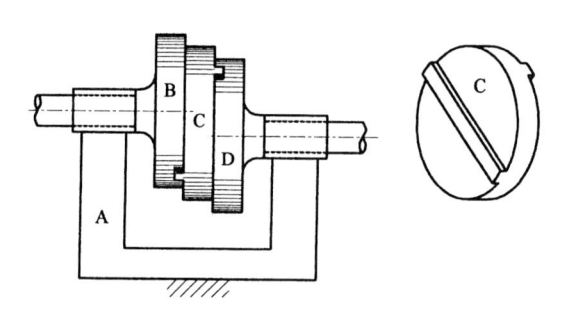

図 3.4 オルダム継手

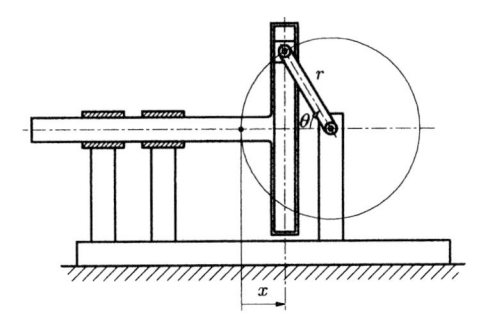

図 3.5 単弦運動機構

3.2 機械のつり合わせ

　機械が円滑に稼働するためには，つり合っている必要がある．一定の運動を繰り返す機械がつり合っているとはどのような意味なのかを考えてみよう．

a． つり合いの原理

　図 3.6 に示すように，静止座標系上で位置ベクトルが r である質量 m の質点に外力 $F(t)$ が作用しているとき，ニュートンの運動の第 2 法則（Newton's second law of motion）から，運動方程式は次のようになる．

$$m\ddot{r} = F(t) \tag{3.4}$$

ここに，$\dot{} = d/dt$，$\ddot{} = d^2/dt^2$ である．上式は次のように変形することができる．

$$F(t) + (-m\ddot{r}) = 0 \quad \Rightarrow \quad 外力 + 慣性力 = 0 \tag{3.5}$$

ここに，$-m\ddot{r}$ は加速度運動をしている質点と一緒に移動する座標系から見てはじめて生じる見かけの力であり，慣性力（inertial force）という．自動車が急ブレーキをかけたときや急発進したときに自動車に乗っている人が感じる力，エレベータに乗っている人が感じる力が慣性力の例である．

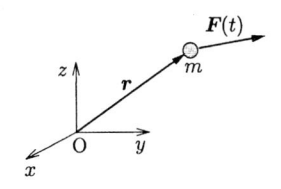

図 3.6 質点の運動

式 (3.5) は，実際に作用する外力と慣性力とがつり合っていると解釈することができる．これをダランベールの原理 (D'Alembert's principle) という．ダランベールの原理によって，動力学の問題を静力学のつり合いの問題に帰着させることができる．

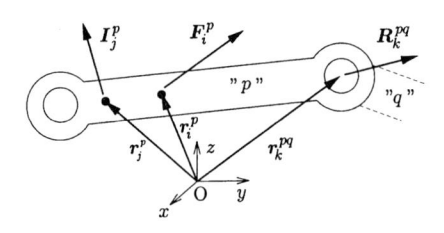

図 3.7 リンク p に作用する力

いま，機械が N 個の節から構成されているものとする．任意の節 p に作用する力を図 3.7 に示す．これらは，点 r_i^p に機械の外部から直接作用する外力 F_i^p，点 r_j^p における質量 m_j^p に基づく慣性力 I_j^p および節 p と節 q との間の接触点 r_k^{pq} において節 q から節 p に作用する拘束力 R_k^{pq} の 3 種類に分類される．拘束力も節 p から見ると外力とみなされる．また，ニュートンの運動の第 3 法則から，節 p 上の接触点 r_k^{pq} に R_k^{pq} が存在すれば必ず節 q 上の接触点 $r_k^{qp}(=r_k^{pq})$ に R_k^{qp} が存在し，これらは大きさが等しく，逆向きである．すなわち，

$$R_k^{pq} = -R_k^{qp} \tag{3.6}$$

機械が運動するとき，ダランベールの原理から，この節 p に作用する 3 種類の力がつり合う．すなわち，節 p の力のつり合いと原点 O 回りの力のモーメントのつり合いは，次式のように表すことができる．

力のつり合い： $\sum_i F_i^p + \sum_j I_j^p + \sum_k R_k^{pq} = 0 \tag{3.7}$

力のモーメントのつり合い：

$$\sum_i r_i^p \times F_i^p + \sum_j r_j^p \times I_j^p + \sum_k r_k^{pq} \times R_k^{pq} = 0 \tag{3.8}$$

このように，つり合いを表す関係式は，節 1 個当たり x, y, z 軸方向の並進運動および x, y, z 軸回りの回転運動を表す合計 6 つの式からなる．

機械が機械と外部との境界である支持部に与える支持反力ベクトルの総和，および原点 O 回りの支持反力のなすモーメントベクトルの総和が時間に関し一定であれば，その機械はつり合っているという．これをつり合いの一般条件と呼ぶ．

いま，図 3.8 に示すように，節 1 を外部と直接接触している機械の台枠として

3.2 機械のつり合わせ

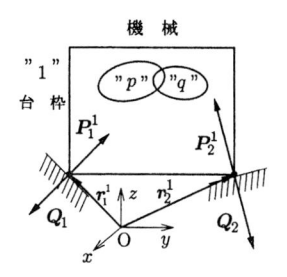

図 3.8 機械の支持

他の節と区別する．節 1 に対しては点 r_r^1 に外部からの支持力 P_r^1 が作用するものとすれば，外部に与える支持反力は $Q_r = -P_r^1$ であり，節 1 での力のつり合いは，次のようになる．

$$\sum_i F_i^1 + \sum_k R_k^{1q} + \sum_r P_r^1 + \sum_j I_j^1 = 0 \tag{3.9}$$

また，節 $p (p=2, 3, \cdots, N)$ での力のつり合いは式(3.7)で与えられる．式(3.7), (3.9)の辺々を加え合わせると，式(3.6)の関係から，機械全体から見ると内力である節間の拘束力は打ち消しあって消滅し，次式が成立する．

$$\sum_p (\sum_i F_i^p + \sum_j I_j^p) + \sum_r P_r^1 = 0 \tag{3.10}$$

したがって，支持反力ベクトルの総和は次式で表せる．

$$\sum_r Q_r = -\sum_r P_r^1 = \sum_p (\sum_i F_i^p + \sum_j I_j^p)$$
$$= 外力の総和 + 慣性力の総和 \tag{3.11}$$

つり合いの一般条件の 1 つを満たすためには，支持反力ベクトルの総和 $\sum_r Q_r$ が時間に関して一定でなければならない．外力と慣性力とはその発生源が独立であるので，この条件が成り立つためには，機械に作用する外力の総和と機械が動くことによって機械内部に発生する慣性力の総和が，いずれも時間とともに変化しないことが必要である．外力としては，機械の自重，機械に負荷として作用する力，機械を駆動する動力からくる力がある．負荷や動力は予期できないので，ここでは簡単のため時間に関して一定と仮定すると，機械がつり合うためには慣性力の総和が時間とともに変化しないことが必要となる．これをつり合いの第 1 条件と呼ぶ．

ここで，重心の定理から，機械の重心の位置ベクトル r_G は，

$$r_G = \frac{\sum_p \sum_j m_j^p r_j^p}{M} \quad ここに，\; M = \sum_p \sum_j m_j^p (機械の全質量) \tag{3.12}$$

となる．よって，慣性力の総和とつり合いの第1条件は次式で表せる．

$$\sum_p \sum_j I_j^p = \sum_p \sum_j (-m_j^p \ddot{r}_j^p) = -M\ddot{r}_G = 一定 \tag{3.13}$$

機械の全質量 M を一定として上式を時間に関して積分すると，

$$\ddot{r}_G = A_1 = 一定 \Rightarrow \dot{r}_G = A_1 t + A_2 \Rightarrow r_G = A_1 t^2/2 + A_2 t + A_3 \tag{3.14}$$

ここに，A_2, A_3 は積分定数である．重心の速度や位置が時間とともに無限大になることはできないので，$A_1 = A_2 = 0$ でなければならない．したがって，

$$r_G = 一定 \tag{3.15}$$

すなわち，つり合いの第1条件とは，機械の重心が不動であることを意味する．

次に，つり合いの一般条件のもう1つの条件である慣性力のモーメントのつり合いを考えよう．節1での力のモーメントのつり合いは次式のようになる．

$$\sum_i r_i^1 \times F_i^1 + \sum_k r_k^{1q} \times R_k^{1q} + \sum_r r_r^1 \times P_r^1 + \sum_j r_j^1 \times I_j^1 = 0 \tag{3.16}$$

また，節 $p(p=2, 3, \cdots, N)$ での力のモーメントのつり合いは式 (3.8) で与えられる．式 (3.8)，(3.16) の辺々を加え合わせると，式 (3.6) および $r_k^{qp} = r_k^{pq}$ の関係を考慮すると，支持反力のモーメントベクトルの総和は次式のようになる．

$$\sum_r r_r^1 \times Q_r = -\sum_r r_r^1 \times P_r^1 = \sum_p (\sum_i r_i^p \times F_i^p + \sum_j r_j^p \times I_j^p) \tag{3.17}$$

支持反力のモーメント和が時間とともに変化しないためには，外力と慣性力のモーメントがともに時間に関して一定でなければならない．つり合いの第1条件と同様，外力のモーメントは一定と仮定すると，機械がつり合うためには慣性力のモーメントの総和が時間とともに変化しないことが必要である．これをつり合いの第2条件と呼ぶ．よって，つり合いの第2条件は次式で表せる．

$$\sum_p \sum_j r_j^p \times I_j^p = \sum_p \sum_j r_j^p \times (-m_j^p \ddot{r}_j^p) = -\frac{d}{dt} \sum_p \sum_j r_j^p \times m_j^p \dot{r}_j^p$$
$$= 一定 \tag{3.18}$$

ここに，$r_j^p \times m_j^p \dot{r}_j^p$ は運動量 $(m_j^p \dot{r}_j^p)$ のモーメント，すなわち，角運動量 (angular momentum) と呼ばれる物理量であり，$L = \sum_p \sum_j r_j^p \times m_j^p \dot{r}_j^p$ はその総和を表す．式 (3.18) を時間に関して積分すると，L が時間とともに無限大にならない条件から，次式を得る．

$$L = \sum_p \sum_j r_j^p \times m_j^p \dot{r}_j^p = 一定 \tag{3.19}$$

結局，つり合いの第2条件は，角運動量の総和が時間とともに変化しないことを

意味する．以下では，これらのつり合い条件を往復機械や回転機械のつり合いに適用する．

b．往復機械の力学

往復機械の例として単気筒レシプロエンジンのつり合いを考える．レシプロエンジンは図3.1(b)の節Dを固定したピストンクランク機構でモデル化される．この往復機械のつり合いを，図3.9に示すように，点Pに質量 M_1，点Qに質量 M_2 をもつ2質点系に近似して解析する．M_1 を往復質量，M_2 を回転質量という．また，連結棒の長さを l，クランクの長さを r，その回転角を θ とし，クランク軸は一定角速度 $\omega=\dot{\theta}(\theta=\omega t)$ で回転しているものとする．

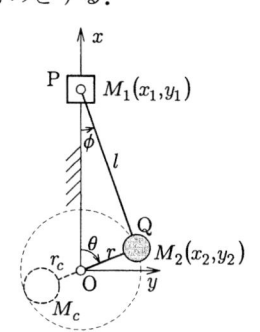

図 3.9 レシプロエンジンのつり合い

まず，機構の幾何学的な関係として，次式を得る．

$$l\sin\phi = r\sin\theta \tag{3.20}$$

また，図3.9のように座標を設定すると，往復質量 M_1 の運動は，

$$\left.\begin{aligned}x_1 &= l\cos\phi + r\cos\theta = r\cos\theta + l\sqrt{1-\left(\frac{r}{l}\right)^2\sin^2\theta} \\ &\approx r\cos\theta + l\left\{1-\frac{1}{2}\left(\frac{r}{l}\right)^2\sin^2\theta\right\} \\ &= r\cos\theta + l\left\{1-\frac{1}{4}\left(\frac{r}{l}\right)^2+\frac{1}{4}\left(\frac{r}{l}\right)^2\cos2\theta\right\} \\ y_1 &= 0\end{aligned}\right\} \tag{3.21}$$

$$\ddot{x}_1 = -r\omega^2\cos\theta - \frac{r^2}{l}\omega^2\cos2\theta, \quad \ddot{y}_1 = 0 \tag{3.22}$$

のように表される．ここに，クランクと連結棒の長さの比 r/l は実際のエンジンでは1/3～1/5程度であるため，x_1 については θ に関して2次までのフーリエ級

数で近似している．同様に，回転質量 M_2 の運動は，次のようになる．

$$x_2 = r\cos\theta, \qquad y_2 = r\sin\theta \tag{3.23}$$

$$\ddot{x}_2 = -r\omega^2\cos\theta, \qquad \ddot{y}_2 = -r\omega^2\sin\theta \tag{3.24}$$

よって，慣性力の x および y 方向の総和をそれぞれ X および Y とおくと，

$$X = -M_1\ddot{x}_1 - M_2\ddot{x}_2 = (M_1+M_2)r\omega^2\cos\theta + M_1\frac{r^2}{l}\omega^2\cos 2\theta \tag{3.25 a}$$

$$Y = -M_1\ddot{y}_1 - M_2\ddot{y}_2 = M_2 r\omega^2\sin\theta \tag{3.25 b}$$

このように，慣性力は回転角速度 ω の2乗に比例し，x 方向にはクランクの回転角 θ に関する1次の慣性力（クランクの回転に同期した成分）のみならず，2次の慣性力（クランク軸1回転当たりに2回の変動を生じる成分）が生じる．この慣性力がレシプロエンジンの主軸受に作用し，エンジン本体の振動源となる．

式 (3.25) の慣性力のうち，回転質量 M_2 に生じる x 方向の慣性力 $M_2 r\omega^2\cos\theta$ と y 方向の慣性力 $M_2 r\omega^2\sin\theta$ は，図3.9に点線で示すように，クランク線上の回転質量 M_2 とは反対側で半径 r_c の位置に次の条件を満足するような質量 M_c のバランスウェイトを取り付けることによって，完全につり合わせることができる．

$$M_c r_c = M_2 r \tag{3.26}$$

ところが，往復質量 M_1 に生じる x 方向の慣性力をつり合わせることができないので，単気筒エンジンでは慣性力を完全につり合わせることは不可能である．そのため，実際のレシプロエンジンでは，多気筒配列として各気筒の慣性力をできるだけお互いに打ち消し合うように直列に，また，傾けて配置し（直列型およびV型），点火時期を調整することによって対処している．

たとえば，図3.10に示す4サイクルエンジンでは，クランク軸の2回転ごとにシリンダ内で空気とガソリンの混合が爆発し，駆動トルク N_D を発生する．一方，エンジンは自動車を動かすための負荷トルク N_R を受ける．駆動トルクも負荷トルクも一定ではなく，$N_D > N_R$ のときはエンジンは加速され，$N_D < N_R$ のときは減速される．このように，クランクの回転は一定ではなく，2回転を周期として角速度が変動する．この角速度の変動をできるだけ抑える目的で，クランク軸系に大きな慣性モーメントを有する機械要素を取り付ける．この要素をはずみ車（fly wheel）という．

いま，軸系の全慣性モーメントを J，時刻 t での角速度を ω とすると，運動方程式は次式となる．

3.2 機械のつり合わせ

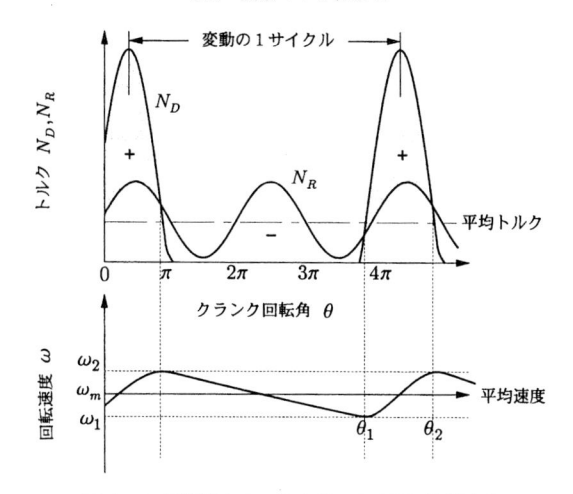

図 3.10 周期的なトルク変動による回転速度変動

$$J\frac{d\omega}{dt} = N_D(t) - N_R(t) \tag{3.27}$$

時刻 t_1, t_2 での角速度をそれぞれ最小値 ω_1 および最大値 ω_2, 回転角を θ_1, θ_2 として，上式の両辺を回転角 θ に関して θ_1 から θ_2 まで積分すると，

$$\Delta W = \int_{\theta_1}^{\theta_2} [N_D(t) - N_R(t)] d\theta = \int_{\theta_1}^{\theta_2} J\frac{d\omega}{dt} d\theta$$

$$= J\int_{t_1}^{t_2} \frac{d\omega}{dt}\frac{d\theta}{dt} dt = J\int_{\omega_1}^{\omega_2} \omega d\omega = \frac{1}{2}J(\omega_2^2 - \omega_1^2) \tag{3.28}$$

上式から，θ_1 から θ_2 (ω_1 から ω_2) の間にトルク $N_D - N_R$ がなした仕事 ΔW は，その間におけるはずみ車の運動エネルギーの増加量に等しいことがわかる．はずみ車は，駆動トルクと負荷トルクの過不足分のトルクによる仕事量を運動エネルギーに変換し，吸収したり放出したりしてできるだけ一様な回転にする．過不足分のトルクによる仕事量が同じなら，慣性モーメント J が大きいほど角速度の変動量は少ない．

c．回転機械の力学

回転機械は，軸の回りを回転するロータ，ロータを支え回転軸を定める軸受および軸受を保持しロータを囲むハウジング（支持部，フレーム）から構成されている．たとえば，タービン，軸流送風機，軸流圧縮機，遠心ポンプ，水車，ジェ

ットエンジンなどがその例である．ここでは，最も基本的な例として，弾性変形を無視できる剛性ロータが隙間のない軸受を介して一定角速度 ω で回転するときのつり合いを考える．

このとき，ロータと一緒に回転する座標系上で観測すると，慣性力は遠心力の形を取る．したがって，このような回転座標系上では，回転体の各部に作用する遠心力ベクトルの総和のつり合いおよび遠心力のなすモーメントベクトルの総和のつり合いを考慮する必要がある．

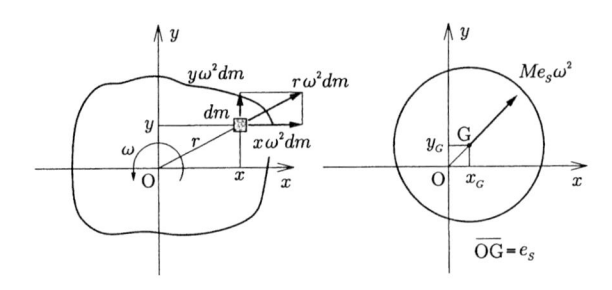

図 3.11 質量要素に作用する遠心力

まず，つり合いの第1条件は遠心力のつり合いとなる．図 3.11 に示すように，回転中心を O，ロータに固定した回転座標系を O$-xyz$ とし，回転軸を z 軸に一致させる．点 (x, y) の位置にある微小な質量要素 dm に作用する遠心力の x, y 方向の成分は，次のようになる．

$$x \text{方向成分}: x\omega^2 dm, \qquad y \text{方向成分}: y\omega^2 dm \tag{3.29}$$

したがって，ロータ全体での総和を考えると，以下のように計算される．

$$x \text{方向の遠心力の総和}: X = \omega^2 \int_V x\,dm = M x_G \omega^2 \tag{3.30 a}$$

$$y \text{方向の遠心力の総和}: Y = \omega^2 \int_V y\,dm = M y_G \omega^2 \tag{3.30 b}$$

ここに，積分はロータの全体積 V にわたって行われる．また，(x_G, y_G) はロータの重心の座標，および M はロータの全質量であり，それぞれ次式で与えられる．

$$x_G = \frac{\int_V x\,dm}{M}, \qquad y_G = \frac{\int_V y\,dm}{M}, \qquad M = \int_V dm \tag{3.31}$$

静止座標系から見たとき，回転体を支持している軸受に作用する慣性力ベクトルの総和が時間とともに変化しないためには，ロータと一緒に回転する回転座標

系から見た慣性力（遠心力）ベクトルの総和が 0 でなければならない．よって，つり合いの第 1 条件は $X=0$ および $Y=0$ となり，式 (3.30) から次式を得る．

$$X=0 \quad \Rightarrow \quad x_G=0, \quad Y=0 \quad \Rightarrow \quad y_G=0 \tag{3.32}$$

すなわち，つり合いの第 1 条件を満たすためには，ロータの重心が常に回転軸上になければならない．これを回転体のつり合いに関してはとくに静的つり合い条件という．もしもロータの重心が回転軸上になければ，回転座標系上で次のような遠心力 F が発生する．この遠心力が軸受に作用してロータの円滑な回転を阻害するのである．

$$F=\sqrt{X^2+Y^2}=M\omega^2\sqrt{x_G^2+y_G^2}=Me_s\omega^2 \tag{3.33}$$

ここに，e_s は静的不つり合い長さと呼ばれる．ロータを円滑に回転させるためには，静的不つり合い長さをできるだけ小さくする必要がある．この静的つり合い条件だけを満たせばよい回転体には，皿形または円板状ロータ，プロペラなどのように軸方向に薄い回転体および低速で回転する回転体がある．遠心力とロータの自重の比を求めると，$F/Mg=e_s\omega^2/g$ となる．たとえば $e_s=10\,\mu\mathrm{m}$ とすると，毎分 1800 回転ではその比は 0.036 であるが，毎分 10000 回転ではその比は 1.12 にも達する．遠心力は回転速度の 2 乗に比例することに注意せねばならない．

次に，つり合いの第 2 条件である慣性力のなすモーメントのつり合いについて考える．回転座標系 O-xyz 上で点 (x, y, z) の位置の微小な質量要素を dm とし，右ねじの進む向きをモーメントの正の向きと定義する．図 3.12 を参考にして，dm に作用する遠心力の原点 O 回りのモーメントベクトルのロータ全体での総和を求めると，次式のようになる．

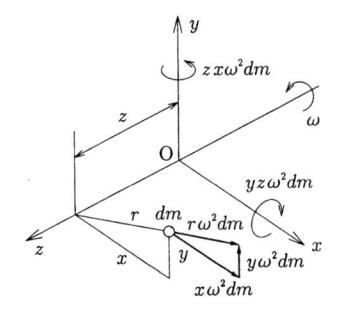

図 3.12 遠心力成分とその原点 O 回りのモーメント

x 軸回りの合モーメント：$N_x = -\omega^2 \int_V yz\,dm = -\omega^2 I_{yz}$ (3.34 a)

y 軸回りの合モーメント：$N_y = \omega^2 \int_V zx\,dm = \omega^2 I_{zx}$ (3.34 b)

ここに，I_{yz} および I_{zx} はそれぞれ yz 面および zx 面に関するロータの慣性乗積と呼ばれる．つり合いの第 2 条件，すなわち，静止座標系から見て遠心力のモーメントが時間とともに変化しないための条件は，回転座標系から見ると，$N_x = 0$ および $N_y = 0$ でなければならない．したがって，式 (3.34) から次式を得る．

$\qquad N_x = 0 \Rightarrow I_{yz} = 0, \quad N_y = 0 \Rightarrow I_{zx} = 0$ (3.35)

すなわち，つり合いの第 2 条件を満たすためには，ロータの慣性乗積が零でなければならない．この条件は，回転体の回転軸 (z 軸) をロータの慣性主軸の 1 つに一致させることによって実現できる．これを回転体のつり合いに関してはとくに動的つり合い条件という．もしも回転軸が慣性主軸に一致していなければ，回転座標系上で次式のような不つり合いによる遠心力のモーメント N が発生する．この遠心力のモーメントが軸受に支持反力を作用させて，ロータの円滑な回転を阻害するのである．

$\qquad N = \sqrt{N_x^2 + N_y^2} = \omega^2 \sqrt{I_{yz}^2 + I_{zx}^2}$ (3.36)

たとえば，円筒形ロータの回転軸が円筒の中心軸と一致せず，傾いて取り付けられている場合には動的不つり合い（偶不つり合いともいう）が生じる．

一般に，回転体には静的不つり合いと動的不つり合いが同時に存在する．動的つり合い条件を満足しなければならない回転体は，回転軸方向に長い円筒形ロータを有する回転体および高速で回転する回転体である．ただし，ロータの重心は慣性主軸上に位置するので，動的つり合い条件が満足されると，静的つり合い条件も同時に満足されることになる．

回転体をつり合わせるためには，つり合い試験機 (balancing machine) が用いられる．一般的なつり合い試験機は，図 3.13 のようにロータを 2 つの軸受で支持し，軸受は水平面内だけで振動できるようになっている．つり合い試験機上でロータをモータで回転させ，不つり合いによる応答から不つり合い量を測定し，修正面の一部を削り取ったり重りを取り付けたりして回転体のつり合いをとる．剛性ロータの場合には，2 つの修正面で完全につり合いを取ることができる．軸受のばね定数が大きいハードタイプは軸受の反力を力検出器で直接測定し，軸受のば

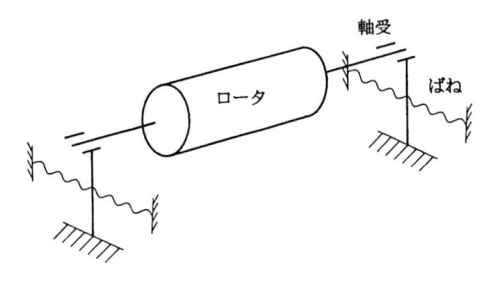

図 3.13 つり合い試験機

ね定数が小さいソフトタイプは軸受の振動変位を測定して不つり合い量を求める．現在では，ハードタイプのつり合い試験機が主流である．

3.3 機械振動と制振

振動とは，ある物理量が時間の経過とともにその平均値の回りを繰り返し変動する現象の総称である．したがって，振動現象は我々の日常生活とも深く関わっており，振動学の知識は幅広い分野にも応用可能である．本節では，最も基本的な1自由度系を対象として，振動現象に関する基礎的事項を学習する．

a. 解析モデルと運動方程式

図 3.14 に示すような系の振動について検討する．これは，質量 m の質点がばね定数 k の線形ばねと粘性減衰係数 c のダッシュポットとによって基礎に支持された垂直方向にのみ可動な系で，質点には振幅が f で角振動数が Ω の調和強制外力 $f\cos\Omega t$ が作用しているものとする．ここに，t は時間である．この系の運動，すなわち，ある時刻における質点の位置は，たとえば質点の静的平衡点からの垂直方向変位を表す1個の変数 x のみで完全に記述できるので，この系の自由度は

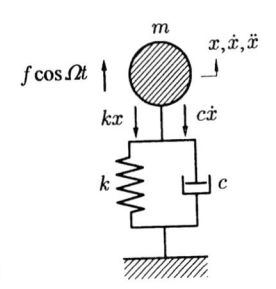

図 3.14 線形1自由度系

1である.

さて,図3.14において,質点の変位,速度,加速度,および質点に作用する調和強制外力はすべて鉛直上向きを正とする.力の作用図を参考にして質点にニュートンの運動の第2法則を適用する.質点には外力 $f\cos\Omega t$,質点を元の位置に戻そうとする変位に比例したばねからの復元力および質点が運動するときの抵抗力として速度に比例した減衰力が作用するので,静的平衡点回りの上下振動に関する運動方程式は次のように求められる.

$$m\ddot{x}+c\dot{x}+kx=f\cos\Omega t \tag{3.37}$$

上式は振動問題を考える際の最も基本的で重要な運動方程式であり,その一般解は $f=0$ のときの自由振動解と $f\neq 0$ のときの強制振動の特解の和で表される.

b. 自 由 振 動

自由振動(free vibration)とは,初期変位や初速度の初期条件を通して外部から系に力学的エネルギーが与えられることによって発生し,その後は強制外力の作用がまったくない状態で持続する振動である.つまり,自由振動はその系の本質を示す振動であるといえる.式(3.37)で $f=0$ とおくと,1自由度系の自由振動の運動方程式は次式となる.

$$m\ddot{x}+c\dot{x}+kx=0 \tag{3.38}$$

式(3.38)は数学的には2階の同次線形常微分方程式である.その基本解として,次のような指数関数を仮定する.

$$x(t)=Xe^{\lambda t} \tag{3.39}$$

ここに,X および λ は未定定数であり,式(3.39)が式(3.38)の解となるようにこれらを決定すればよい.そこで,式(3.39)を式(3.38)に代入して整理すると,

$$\left. \begin{array}{l} (\lambda^2+2\zeta\omega_n\lambda+\omega_n{}^2)X=0 \\ \omega_n=\sqrt{\dfrac{k}{m}}, \ \zeta=\dfrac{c}{c_c}, \ c_c=2\sqrt{mk} \end{array} \right\} \tag{3.40}$$

ここで,質点の振動が恒等的に零とはならない解 $X\neq 0$ が存在するための条件式は,式(3.40)から次のようになる.

$$\lambda^2+2\zeta\omega_n\lambda+\omega_n{}^2=0 \tag{3.41}$$

この式から基本解の未定定数 λ が系パラメータである ω_n および ζ の関数として求められる.後述のように,λ の性質によって自由振動の特性が変化するので,λ

を特性根，λ を定める式 (3.41) を特性方程式という．

式 (3.41) から，2 個の特性根 λ_1, λ_2 が次のように求められる．

$$\left.\begin{array}{c}\lambda_1\\\lambda_2\end{array}\right\}=(-\zeta\mp\sqrt{\zeta^2-1})\omega_n \tag{3.42}$$

特性根 λ_1, λ_2 は $\zeta(\geqq 0)$ の大小によって性質が大きく変化し，(1) $\zeta=0$ のときには純虚根，(2) $0<\zeta<1$ のときには共役複素根，(3) $\zeta=1$ のときには負の実重根，(4) $\zeta>1$ のときには異なる負の 2 実根となる．それに伴って解の特性も変化し，振動現象が発生するのは (1) と (2) の場合である．この特性を分ける $\zeta=c/c_c$ は系の減衰の大きさを代表する無次元パラメータであり，減衰比 (damping ratio) と呼ばれる．$\zeta=1$ は発生する現象が振動的であるか否かを分離する境界となっているので，$\zeta=1$ の状態を臨界減衰といい，臨界値を示す粘性減衰係数 $c_c=2\sqrt{mk}$ を臨界粘性減衰係数という．以下では，振動現象が発生する (1) と (2) の場合の特性について検討する．

(1) $\zeta=0$ ($c=0$) の場合：

$$\lambda_1=-\lambda_2=-i\omega_n,\quad i=\sqrt{-1} \tag{3.43}$$

このとき，式 (3.38) の 2 つの基本解は $e^{i\omega_n t}$ および $e^{-i\omega_n t}$ となり，一般解はそれらの線形結合として求められる．ただし，現実の振動現象を表す一般解 $x(t)$ は実数値をとるので，オイラーの公式 ($e^{\pm i\beta}=\cos\beta\pm i\sin\beta$) 利用して変形すると，

$$x(t)=A\cos\omega_n t+B\sin\omega_n t=X\cos(\omega_n t+\phi) \tag{3.44}$$

のように実数表示できる．なお，式 (3.44) の A, B または $X(=\sqrt{A^2+B^2})$, $\phi(=\tan^{-1}(-B/A))$ は積分定数であり，初期条件から求められる．

このとき，質点は振幅 X を保ったまま $T_n(=2\pi/\omega_n)$ の周期で振動し続ける．このように 1 項のみの三角関数で表される振動を単振動または調和振動という．

線形 1 自由度系の不減衰自由振動の重要な性質は，$\omega_n=\sqrt{k/m}$ というある特定の角振動数でしか自由振動をしない（振動できない）ということである．しかも，その角振動数は，系パラメータである質量 m と剛性 k とが与えられると一意に決まってしまう．そこで，不減衰自由振動の角振動数 ω_n [rad/s]，振動数 $f_n(=\omega_n/2\pi)$ [Hz] および周期 T_n [s] を，それぞれ（不減衰）固有角振動数，固有振動数 (natural frequency) および固有周期と呼ぶ．この固有振動数とは系の構造に対して一意に決まってしまう物理量であり，振動問題を考えるうえで最も重要

な物理量である．なぜなら，固有振動数とまったく無関係に生起するような振動問題は実際上ありえないからである．したがって，その物理的意味については十分に理解しておかねばならない．

(2) $0<\zeta<1$ ($0<c<c_c=2\sqrt{mk}$) の場合：

$$\left.\begin{array}{c}\lambda_1 \\ \lambda_2\end{array}\right\} = -\zeta\omega_n \mp i\omega_d, \quad \omega_d = \omega_n\sqrt{1-\zeta^2} \qquad (3.45)$$

このとき，式 (3.38) の一般解は次のように実数表示される．

$$x(t) = e^{-\zeta\omega_n t}(A\cos\omega_d t + B\sin\omega_d t) = Xe^{-\zeta\omega_n t}\cos(\omega_d t + \phi) \qquad (3.46)$$

A, B または $X(=\sqrt{A^2+B^2})$, $\phi(=\tan^{-1}(-B/A))$ は積分定数である．

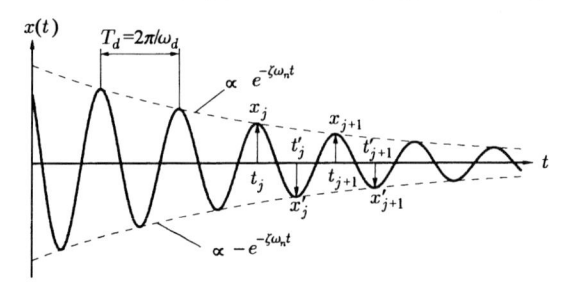

図 3.15 減衰自由振動の波形

図 3.15 に $0<\zeta<1$ のときの解 $x(t)$ の波形例を示す．$0<\zeta<1$ の場合の解 $x(t)$ は，その振幅が徐々にかつ規則的に小さくなりながら振動する．このような振動を減衰自由振動といい，$\omega_d(=\omega_n\sqrt{1-\zeta^2}<\omega_n)$ を減衰固有角振動数と呼ぶ．また，減衰自由振動が発生する減衰の状態 ($0<\zeta<1$) を不足減衰という．通常の機械や構造物では，そのほとんどが不足減衰である．減衰固有角振動数 ω_d は減衰比 ζ の影響を受け，通常の機械や構造物のように ζ が小さいとき ($0<\zeta<0.2$) には，ω_d は無減衰固有角振動数 ω_n にほぼ一致すると考えてよい．

c．強制振動

時間的に変動する外力が系に作用したり，地震などのように振動系を支持する基礎が時間的に変動することによって発生する振動を強制振動（forced vibration）という．ここでは，系に調和外力が作用する最も基本的な場合の式 (3.37) を基礎式として，線形 1 自由度系の強制振動の特性について検討する．

3.3 機械振動と制振

線形系における強制振動の一般解は，式 (3.38) の自由振動の一般解と $f \neq 0$ とした式 (3.37) の強制振動の特解との和で表されるが，先に示したように時間経過とともに減衰自由振動解は消滅してしまうので，最終的には強制振動の特解成分のみが持続することになる．このような状態を定常強制振動という．

式 (3.37) の強制振動の特解 $x(t)$ は次のように求められる．

$$x(t) = \frac{x_{st}}{(1-\nu^2)^2 + (2\zeta\nu)^2}\{(1-\nu^2)\cos\Omega t + (2\zeta\nu)\sin\Omega t\}$$
$$= X_0 \cos(\Omega t + \phi) = x_{st}M_d\cos(\Omega t + \phi) \tag{3.47}$$

$$\left.\begin{array}{l} M_d = \dfrac{X_0}{x_{st}} = \dfrac{1}{\sqrt{(1-\nu^2)^2 + (2\zeta\nu)^2}}, \quad \phi = \tan^{-1}\left(-\dfrac{2\zeta\nu}{1-\nu^2}\right), \\ \nu = \dfrac{\Omega}{\omega_n}, \quad x_{st} = \dfrac{f}{k} \end{array}\right\} \tag{3.48}$$

ここに，x_{st} は大きさが f の外力が質点に静的に作用したときの静たわみ，ν は調和外力の角振動数 Ω と系の固有角振動数 ω_n との間の振動数比である．また，M_d は強制振動の振幅 X_0 と静たわみ x_{st} との間の比を表し，振幅倍率（amplitude magnification factor）と呼ばれる．$M_d > 1$ であれば，強制振動の振幅は静たわみよりも大きくなる．ϕ は調和外力に対する応答の位相角（phase angle）であり，ϕ が正のとき位相進みを表す．

式 (3.48) からわかるように，M_d および ϕ はいずれも振動数比 ν および減衰比 ζ の関数である．そこで，その影響を調べるために，横軸を ν として，いくつかの ζ の値に対して描いた ϕ および M_d のグラフを図 3.16 に示す．このような図を共振曲線または周波数応答曲線（frequency response curve）と呼ぶ．

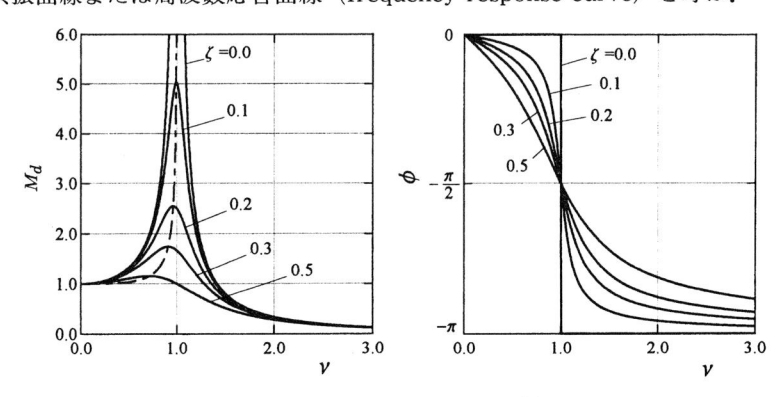

図 3.16　線形 1 自由度系の共振曲線

位相角 ϕ の特徴としては，すべての ν および ζ に関して $\phi \leqq 0$ であるので，強制振動は調和外力に対して必ず遅れることがわかる．$\zeta=0$ のとき $0 \leqq \nu < 1$ の範囲では $\phi=0$（調和外力と同位相），$\nu>1$ の範囲では $\phi=-\pi$（逆位相）である．$\zeta>0$ のときには $\nu\approx 0$ では $\phi \approx 0$ であり，ν の増加に伴って ϕ は単調に減少して，$\nu \to \infty$ では $\phi \to -\pi$ となる．また，$\nu=1$ では ζ の値によらず $\phi=-\pi/2$ である．

振幅倍率 M_d の特徴としては，ζ が小さいときには $\nu=1$ の近傍で M_d は大きなピーク値をとる．そのピーク値は ζ が小さいほど大きくなり，$\zeta=0$ の場合には $\nu=1$ で無限大となる．これは，減衰が小さい系の強制振動を特徴づける現象であり，調和外力の角振動数 Ω が系の固有角振動数 ω_n と近い場合に，非常に大きな振動が発生することを意味している．このような現象を，共振（resonance）と呼ぶ．

d. 共振の回避

一般に振動を嫌う機械や構造物においては，共振は最も好ましくない現象である．なぜなら，共振現象が発生すると性能低下や故障の原因となったり，ひどいときには重大な破壊事故を引き起こすこともあるからである．したがって，機械や構造物においては共振は絶対に避けなければならない現象であり，エンジニアにとって設計・製作・運転の各段階において共振の発生を避けるための知識を身につけておくことがきわめて重要な課題である．

上記のように，通常の機械や構造物の減衰比は非常に小さいので，共振しやすい．したがって，調和外力が作用する系で共振を避けるための有効な対策は，外力の振動数と系の固有振動数とを十分に離すことである．その具体的方法としては，外力の振動数は一般に機械の運転状態に依存するので，外力の振動数が固有振動数に近づかないように運転状態を調整したり，支持剛性の調整により系の固有振動数を安全な範囲に変更することによって実現する．その代表的なものとしては，支持剛性を小さくすることによって系の固有振動数を下げ，それよりも外力の振動数が高くなるような状態（図 3.16 で $\nu \gg 1$ の領域）で運転する柔軟支持の方法，あるいはその逆に支持剛性を大きくすることによって系の固有振動数を高く設定し，それより低い振動数となるような状態（図 3.16 で $\nu \ll 1$ の領域）で運転する剛支持の方法がある．

e. 力伝達率

強制振動を行っている振動系から基礎に伝わる力がどのようになるかを検討する．図 3.14 の系で基礎に伝わる力を q とすれば，q はばねの復元力とダッシュポットの減衰力の和になるので，式 (3.47)，(3.48) から，定常強制振動における q は次式のように求められる．

$$\left. \begin{array}{l} q = kx + c\dot{x} = fT_r\cos(\Omega t + \phi + \psi) \\ T_r = \dfrac{\sqrt{1+(2\zeta\nu)^2}}{\sqrt{(1-\nu^2)^2+(2\zeta\nu)^2}}, \quad \psi = \tan^{-1}2\zeta\nu \end{array} \right\} \quad (3.49)$$

ここに，T_r は基礎に伝わる力 q の振幅の調和外力の振幅 f に対する比を表す無次元量であり，力伝達率（force transmissibility）と呼ぶ．図 3.17 に T_r の周波数応答を示す．振幅倍率と同様に減衰比 ζ が小さいときには $\nu \approx 1$ で T_r はピーク値をとり，$\zeta = 0$ のとき $\nu = 1$ で T_r は無限大となる．すなわち，共振状態では力伝達率 T_r も大きくなり，これが基礎を介した機械周辺への振動・騒音の原因，ひいては機械自身の故障や破壊の原因となりうる．$\nu \to \infty$ では $T_r \to 0$ となる．一方，ζ が大きくなるにつれてピーク値およびピーク値を与える ν の値はともに減少する．また，$\nu = \sqrt{2}$ では ζ の値に関わりなく $T_r = 1$ となり，$\nu < \sqrt{2}$ では ζ が大きいほど，$\nu > \sqrt{2}$ では ζ が小さいほど同じ ν に対する T_r は小さくなる．

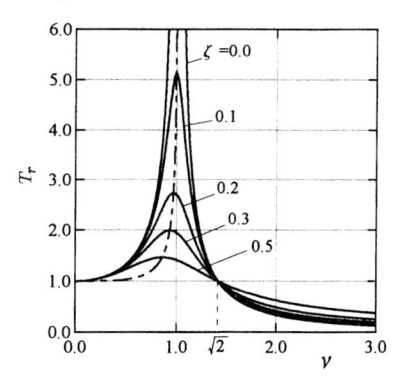

図 3.17 力伝達率

f. 回転体の振動

図 3.18 のように，質量のない弾性のみを有する一様な回転軸の中央に薄い剛体円板が取り付けられ，軸の両端は軸受で支持されている回転体を考えよう．つり

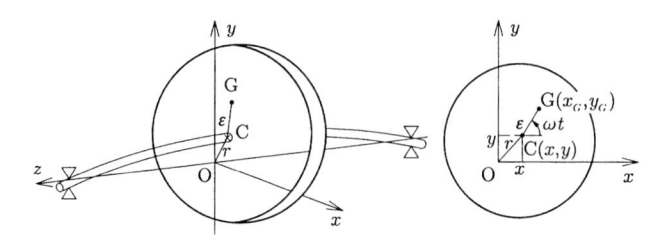

図 3.18 ジェフコットロータ

合い試験機によっても完全に不つり合いを除去することができないので，この円板の重心が回転軸上からずれている場合，すなわち，静的不つり合いが存在するときを考える．いま，円板の重心 G が軸の中心（軸心）C から ε だけずれており，回転体は一定角速度 ω で回転しているものとする．この不つり合いによって，回転中に円板の軸心は軸受を結ぶ中心線上の点 O から r だけ変位している．ここで，点 O を原点とし，図のように静止座標系 O-xyz をとる．時刻 t における軸心 C の xy 平面内での位置を (x, y)，円板重心の位置を (x_G, y_G) とする．軸がたわんでも円板は軸受間の中央にあるので，傾くことなく xy 平面内で平面運動を行う．偏重心 ε の向き CG が固定軸 x となす角を ωt とする．円板の質量を m，点 C に関する弾性軸のばね定数を k とすれば，静止座標系に関する運動方程式は円板の重心に働く力のつり合いから次式となる．

$$m\ddot{x}_G = -kx, \quad m\ddot{y}_G = -ky \tag{3.50}$$

ところが，$x_G = x + \varepsilon\cos\omega t$，$y_G = y + \varepsilon\sin\omega t$ の関係があるので，上式から x_G, y_G を消去すると，次のような軸心変位 x, y に関する運動方程式が得られる．

$$m\ddot{x} + kx = m\varepsilon\omega^2\cos\omega t, \quad m\ddot{y} + ky = m\varepsilon\omega^2\sin\omega t \tag{3.51}$$

上式から，軸心変位 x, y の運動はお互いに独立である．もしも，不つり合いがまったく存在しなければ，上式の右辺は 0 となる．そのときの解は次式となる．

$$x = A_1\cos\omega_n t + B_1\sin\omega_n t, \quad y = A_2\cos\omega_n t + B_2\sin\omega_n t \tag{3.52}$$

ここに，$\omega_n = \sqrt{k/m}$ および A_1, B_1, A_2, B_2 は積分定数である．このように，外部から強制外力が作用しないとき，回転体は x および y 方向に同じ固有角振動数 ω_n [rad/s] で周期的に振動する．

次に，上式の特解を求める．そのため，式 (3.51) の第 2 式の両辺に虚数単位 $i = \sqrt{-1}$ をかけて両式を辺々加えると，次のような複素数表示が求められる．

$$\ddot{z} + \omega_n^2 z = \varepsilon\omega^2 e^{i\omega t} \tag{3.53}$$

ここに，$z=x+iy$ である．このように変形すると，x は式 (3.53) の解の実部，y は同じく虚部となる．特解を強制外力の角振動数 ω と同じ角振動数で調和的に振動すると考えて，$z=Ze^{i\omega t}$ とおき，これを式 (3.53) に代入すると次式を得る．

$$Z=\frac{\varepsilon\omega^2}{\omega_n^2-\omega^2}=\frac{\varepsilon(\omega/\omega_n)^2}{1-(\omega/\omega_n)^2} \tag{3.54}$$

したがって，軸心の変位は，

$$x=\frac{\varepsilon(\omega/\omega_n)^2}{1-(\omega/\omega_n)^2}\cos\omega t, \qquad y=\frac{\varepsilon(\omega/\omega_n)^2}{1-(\omega/\omega_n)^2}\sin\omega t \tag{3.55}$$

となる．上式から時間 t を消去すると，次式を得る．

$$x^2+y^2=\left[\frac{\varepsilon(\omega/\omega_n)^2}{1-(\omega/\omega_n)^2}\right]^2 \tag{3.56}$$

このように，特解の変位 x と y は円軌跡を描くことがわかる．この現象は，縄跳びの縄が振れ回っているのと似ているので，この運動を振れ回り運動 (whirling) という．振れ回り運動の軸心 C の振幅 r_C は，上式から，

$$\frac{r_C}{\varepsilon}=\frac{(\omega/\omega_n)^2}{|1-(\omega/\omega_n)^2|} \tag{3.57}$$

となる．図 3.19 に式 (3.57) の関係を示す．図から，$\omega/\omega_n\to 1$ のとき，すなわち，回転角速度 ω が回転体の固有角振動数 ω_n に一致すると共振して振幅が無限大となり，回転軸が破壊される状態が生じて危険である．そこで，このときの回転体の速度 $\omega=\omega_n$ を危険速度 (critical speed) という．回転体の不つり合いを完全に除去することは不可能であるため，回転体の危険速度の近くでの運転は絶対に避けなければならない．

式 (3.57) の関係を考慮すると，回転速度が増加するにしたがって重心 G と軸心 C の位置関係は図 3.20 に示すように変化する．回転速度を超えると，重心が軸心の内側に位置するようになり，回転速度が十分に高いとき ($\omega/\omega_n\gg 1$) は，重心

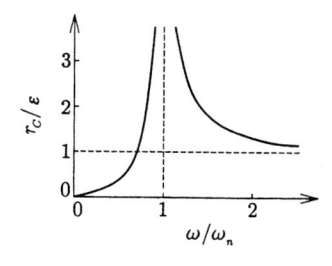

図 **3.19** 回転体の不つり合い応答

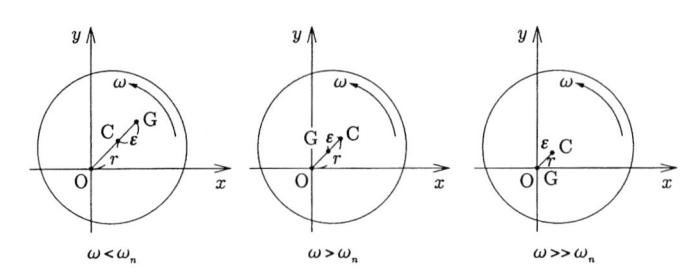

図 3.20 回転速度と重心/軸心の位置関係

は軸受中心Oに一致する．この現象を軸の自動調心作用と呼ぶ．このように，回転速度が回転体の危険速度から遠ざかるほど回転体の変位は小さくなる．

g. 振動制御

機械や構造物の振動を小さくするための方策としては，上記d項で示したように固有振動数や外力の振動数を変更して共振を回避すること，振動源（外力の発生源）を除去すること，減衰要素を付加することが考えられる．何らかの事情でこれらの方策が十分に実施できない場合には，特別な振動低減法が必要となる．振動を低減させることを振動制御（vibration control）という．

機械や構造物の振動制御問題は，その目的からみて防振（vibration isolation）と制振（vibration control）とに大別される．防振は機械と外部との間の振動伝達をなるべく小さくしようとするもので，一般に機械と基礎との間に防振装置を介在させることによりその目的を実現させる．防振装置は，ばねとダンパ，あるいは防振ゴムからなるものが多い．一方，制振は機械や構造物自体の振動低減を目的とするもので，設計・製作・組立・稼働の各段階で対策を講じる必要がある．

防振と制振の実現手段としては，外部からの駆動エネルギーの供給を必要としない受動的制御装置を利用する受動振動制御（passive vibration control），および制御理論と外部からの駆動エネルギーの供給が必要な能動的制御装置を利用する能動振動制御（active vibration control）がある．また，両者の機能を兼ね備えたセミアクティブ振動制御（semi-active vibration control）も用いられる．

受動振動制御は，防振ゴムや空気ばねのような防振材で機械や構造物を支持する防振基礎，機械本体の振動エネルギーを自らが振動することによって吸収する動吸振器，フードダンパおよび摩擦ダンパなどのような受動的制御装置を機械や

構造物に取り付けることによってその振動を低減させるものであって，大きな振動エネルギーを有する大型構造物などにはこの方策がよく用いられる．ただし，受動振動制御で有効な振動低減を実現するためには，適用対象とする機械や構造物の振動特性を事前に十分に明らかにしておく必要がある．

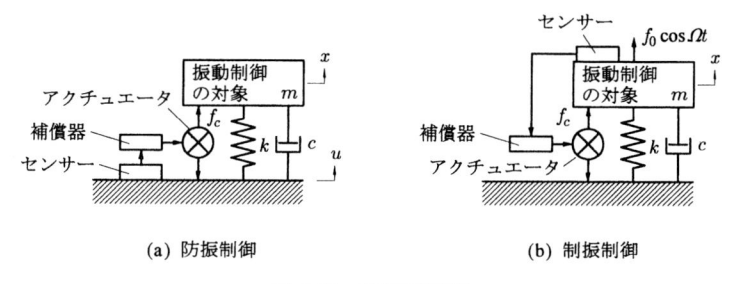

(a) 防振制御

(b) 制振制御

図 3.21 能動振動制御

能動振動制御は，機械や構造物の振動特性が明らかでない場合や変動する場合の振動低減策として有効である．図 3.21 に能動制御の概念図を示す．用いられる制御法としては，(a) 加振源の特性が既知であったり励振力が観測可能である場合に，励振力を打ち消すような制御力を加えることによって振動低減を図るフィードフォワード制御，(b) 未知外乱やランダム外乱が作用する場合に，機械や構造物の振動を計測し，その信号を用いて振動低減を図るフィードバック制御などがある．いずれの制御法の場合にも，能動振動制御を実現するには，制御対象の振動を検出するセンサ，センサ出力からアクチュエータへの制御入力を算出する補償器，制御力を発生するアクチュエータなどから構成される制御機器が必要である．また，制御機器には駆動エネルギーが必要なので，イニシャルコストやランニングコストを要する．したがって，能動振動制御の採用にあたっては，できるだけ設計段階において振動制御しやすい構造や受動振動制御の採用などについて検討を加えておくことが必要である．

セミアクティブ振動制御は，受動振動制御に用いる受動的制御装置のダンパやばねの特性を補助的制御機器によって可変とし，制御対象の振動状態に応じてその値を最適値に設定することによって振動低減を図る方法である．したがって，能動振動制御ほどの駆動エネルギーは必要としないが，この方法で有効な振動低減を実現するには，受動振動制御の場合と同様に，制御対象の振動特性を事前に十分に把握しておくことが必要である．

演習問題

3.1 図3.22に示す平面連鎖の自由度を求めよ。また、節数を n, 自由度 i の対偶の個数を p_i とするとき、立体連鎖の自由度 f はどのように表されるか示せ。

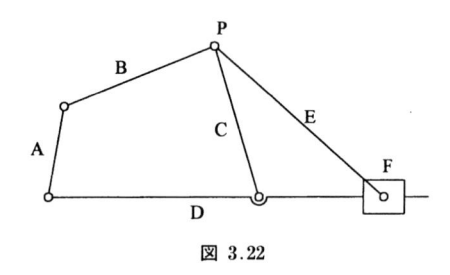

図 3.22

3.2 図3.3に示したてこクランク機構の節 A, B, C, D の長さがそれぞれ a, b, c, d であるとき、a, b, c, d を用いて早戻り比 θ_1/θ_2 を求めよ。

3.3 自動車が加速度 a で動いている。乗っている人が感じる慣性力の大きさと向きを求めよ。

3.4 両端で単純支持された長さ $l = 0.5$ [m]、直径 $d = 20$ [mm] の一様な鋼製回転軸の中央に質量 $m = 20$ [kg] の円板を取り付けたときの危険速度 [rpm] を求めよ。ただし、回転軸の縦弾性係数は、$E = 206$ [GN/m^2] である。

3.5 図3.23に示す静的不つり合い長さ e_s, 質量 m の剛性ロータが軸受中央に取り付けられ、一定角速度 ω で回転している。軸受にかかる変動荷重を求めよ。また、遠心力と自重の大きさが等しくなる角速度 [rad/s] を求めよ（重力加速度を g とする）。

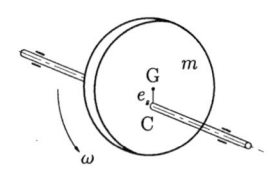

図 3.23

3.6 細長い一様なはりが水平になるように両端が基礎に固定され、その中央部には比較的質量の大きな物体が取り付けられている。この物体の垂直方向の振動をなるべく単純なモデルで解析したい。はりの質量は無視できるものとして、次の問に答えよ。
(1) 一様ばりの中央部に取り付けた物体の質量が 500 [kg] のとき、垂直方向の静たわみ δ_{st} は 1 [mm] であった。この系の垂直方向の等価なばね定数 k, および垂直方向振動の不減衰固有角振動数 ω_n を求めよ。
(2) 物体に対して垂直方向に衝撃を与えて応答を求めたところ、10周期後に振幅が

50%減少した．減衰特性を粘性減衰とみなして，減衰比ζおよび減衰固有角振動数ω_dを求めよ．

(3) 中央部の物体が発電機であり，そのロータは，回転中心から半径20 [mm]の位置に5 [kg]の不つり合いを持っているものとする．発電機が1200 [rpm]で回転しているときの定常強制振動の特解を求めよ．

Tea Time
慣性とハンマリング

　自動車が急発進すると，乗っている人は進行方向とは逆向きの力を感じる．逆に，急停止すると，進行の向きの力を感じる．この力を慣性力という．慣性力は加速度運動しているものの上に乗ったときにはじめて生じる見かけの力である．衝突事故では車は瞬間に停止するので，人はフロントガラスを突き破る勢いで前に突っ込む．これを防止するのがシートベルトやエアバッグである．遊園地でメリーゴーランドが等速で円運動している．このときも中心に向かう加速度（求心加速度）が作用するので，メリーゴーランドに乗っている人は遠心力を受ける．遠心力は回転中心から遠ざかる向きの力であり，乗っている人が感じる慣性力である．

　一方，振動問題を考える上でまず最初になすべきことは，対象としている系の固有振動数を求めることである．機械や構造物の固有振動数を比較的容易に測定するための方法にハンマリングがある．ハンマリングとは，通常はハンマーで叩くなどして機械や構造物に衝撃を加えることによって，自由振動を引き起こす操作のことである．機械や構造物が振動すると回りの空気を振動させ，その空気振動が我々の耳に届いて音として感知されるであろう．その際，機械や構造物の振動振幅の相違は音の強弱として，振動数の相違は音の高低として識別される．このようにハンマリングによって発生する音の高さを聞き分けることによって，自由振動の振動数，すなわち機械や構造物の固有振動数を知ることができるのである．

　さて，ハンマリングによって発生する自由振動の振動振幅は主として与えた衝撃の大小に依存するが，その振動数である固有振動数は系の振動特性値（主に質量と剛性）にのみ依存する．したがって，機械や構造物の内部に亀裂や欠陥が生じて振動特性値が通常状態から変化すると，ハンマリングによって生じる音の高さが変化する．この変化を聞き分けることによって，機械や構造物を破壊することなく内部の状態変化を知ることができる．このように，ハンマリングとはいわゆる非破壊検査の手段としても重要である．

4. 機械設計と機械要素

　機械設計（machine design）は，人間社会からの要求事項を満足させる機械システムをいろいろな制約条件のもとで実現するための人間の創造的活動である．しかし，機械に要求される機能を正しく実現するために必要なプロセスはきわめて多岐にわたり，各プロセスが必要とする学問領域はきわめて広く，かつ互いが密接に関係している．また，実際の設計にあたっては，経験・体験に基づく技術的および技能的知識が大きな役割を果たすことになる．

4.1　機械設計の基礎

a．方法論

　機械設計においては，機械構成要素の形状・寸法，材料および製作・組立方法を決定せねばならない．一般的な設計手順を次に示す[1]．
① 設計課題の確立（設計目標の明確化と実現可能性の調査研究）
② 概念設計（設計案の創出）
③ 基本設計（設計案の具象化）
④ 詳細設計（形状・寸法，材質，加工方法などの決定）
⑤ 生産設計（生産工程最適化のための設計）
⑥ 評価（設計案の正しさの確認）

　基本設計においては，伝達動力，伝達効率等を最大にすることを目標に，生産設計では，最低価格や製造時間の最短化をめざす．また，詳細設計は両設計目標を実現するための構造を決定する．しかし，設計において最も重要なことは，安全に対する配慮である．すなわち，機器，部品などの破損や故障，予期せぬ外乱

があったときに機械が安全側に作動するフェイルセイフ (fail safe)，誤操作によっても重大な事故を起こさないフールプルーフ (fool proof) を考慮し，さらにはきわめて高い信頼性を要求される部分には，故障時に代替できる構成要素を追加した冗長性をもった設計を行うことが望まれる．

b．強度設計の基礎

機械構成部材が本来期待されていた機能を維持できなくなることを破損 (failure) といい，破損は基本設計において検討すべき最重要課題の1つである．

通常の強度設計においては，耐用寿命中に破損を許容しない安全寿命設計が採用されている．しかし，検査を前提とした，損傷が発生しても次回の検査時期までにそれが致命的にならないように設計する損傷許容設計が航空機設計などで採用されている．

破損は部材にかかる荷重が部材の抵抗力を上回ったときに生じるので，破損防止のためには，材料強度と荷重を正しく評価することが不可欠である．

静荷重に関する強度設計の基準応力として，鉄鋼材料のような延性材料の場合には降伏点(または引張り強さ)，鋳鉄のようなぜい性材料では引張り強さを用いる．しかし，一般の機械においては，部材は繰返し荷重や変動荷重を受けることが多く，これら動荷重を受ける部材は静荷重の場合に比べてはるかに低い荷重で破壊する．この現象を疲れ (fatigue) といい，機械の破損事故の 80〜90％ は，直接または間接的な疲れに起因している．繰返し荷重を受ける鉄鋼材料などでは，図 4.1 (S-N 曲線)[2] に示すように，無限回の繰返しに対しても破壊しない応力が存在する．破壊に至らない最大の応力を疲れ限度 (fatigue limit) と呼び，動荷重

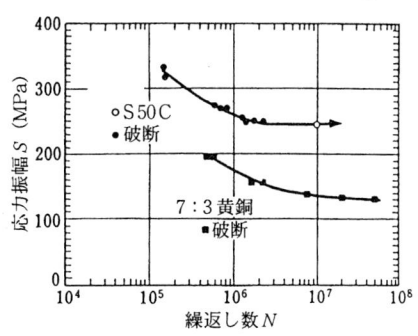

図 4.1 S-N 曲線（兼田・山本，1995）

の場合の強度設計での基準応力となる．

しかしながら，実際には正確な材料強度評価や応力解析は簡単ではないため，次に示す許容応力（allowable stress）を設計上許容しうる最大の応力として用いる．

　　　　許容応力＝基準応力/安全率

ここで，安全率（safety factor）は，部材の基準応力および実際に部材に働く実応力を決める場合の不確定要因を補償するものである．設計においては最大実応力を許容応力以下にする．

安全率に影響する因子としては，① 材料強度関係（材料の製造法，材料試験法，検査法の信頼性等），② 使用応力関係（荷重のばらつき，荷重見積りの正確度，応力計算の正確度等），③ 製作技術（工作，組立等）関係，④ 使用条件関係（温度，雰囲気等），⑤ 安全性（人間への配慮，破損時の損害の程度等），がある．

c．機械要素

機械は種類・機能に関係なく，ねじ，歯車，軸，軸受などのようにそれ自体は共通した機能を果たす部品から構成されている．これらの基本的部品を機械要素（machine element）と呼び，機械設計においては機械要素に関する知識が不可欠である．機械要素の形状寸法，材料の種類などを規格化・標準化することは，部品点数の削減，部品間の互換性ばかりでなく，生産性の向上，品質管理，品質・機能の向上をもたらす．

機械部品の規格化のための工業規格として，わが国では日本工業規格（Japanese Industrial Standard, JIS）が，国際的には国際標準化機構（International Organization for Standarization, ISO）によって国際規格が制定されている．

機械設計に際しては，特別な理由がない限り，規格化あるいは標準化された材料，部品を使用し，標準化された設計基準に沿って実施した方がよい．

4.2　ね　　　じ

a．ねじのしくみと用途

機械は多数の部品から構成されている．部品どうしを結合させることを締結（fastening）といい，最も一般的に使用される締結用機械要素はねじ（screw thread）を有するねじ部品（screw）である．ねじは円筒面や円すい面の外側または内側にねじ山（thread）と呼ばれる突起をら旋状（つる巻線）に設けたもので，ねじ山突起のら旋の数をねじ山の条数という．図 4.2 のようにおねじ（eternal thread）と，めねじ（internal thread）と呼ばれる内面にあるものが組み合わされて使用される．おねじを正面に見て，右（時計方向）に回転させた際に遠ざかるものを右ねじ，近づくものを左ねじという．

　図 4.3 に締結用として広く用いられている三角ねじのねじ山を示す．ねじ山の厚さが溝の幅と等しくなるような仮想的円筒の直径を有効径と呼び，ねじ面に作用する力をこの位置での力で代表させる．ねじ山の間隔をピッチ（pitch），ねじを 1 回転させたときに進む距離をリード（lead）といい，1 条ねじではピッチとリー

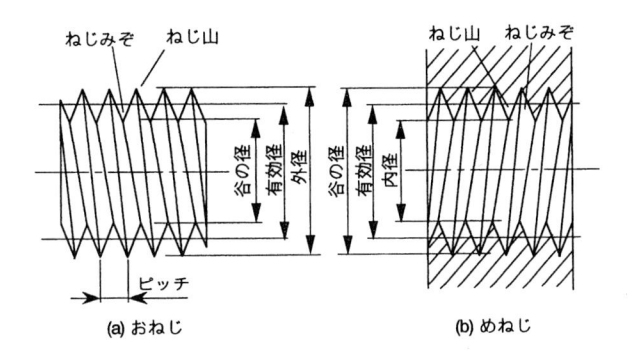

図 4.2　おねじとめねじ

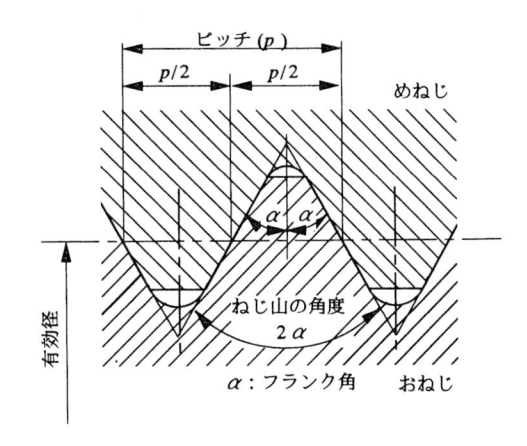

図 4.3　三角ねじのねじ山

ドは等しい．

ねじの主な用途には，以下のようなものがある．
① 機械部品どうしの締結　例：ボルトとナット，小ねじ
② 回転運動と直線運動の相互変換　例：旋盤の送りねじ
③ 位置の微調整　例：マイクロメータヘッドを利用した位置決め
④ 力の発生　例：万力，ジャッキ

b．ねじの力学

おねじの回転に伴う直進運動を妨げると力が発生する．フランク角が$0°$である角ねじについて，力F_fに抗しておねじを回転させるのに必要なトルク（ねじりモーメント）Tは次のように求められる．図4.4を参照して，

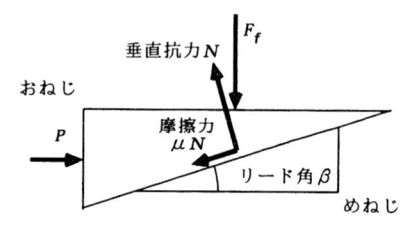

図4.4　角ねじの力のつり合い

法線方向のつり合い　　$P\sin\beta + F_f\cos\beta = N$ (4.1)

接線方向のつりあい　　$F_f\sin\beta + \mu N = P\cos\beta$ (4.2)

μはおねじとめねじの間の摩擦係数，βはねじ面の円周方向の傾斜を示すリード角（lead angle）である．式(4.1)，(4.2)からNを消去し，$\mu = \tan\rho$とすると，

$$T = F_f(d_2/2)\tan(\rho + \beta) \quad (4.3)$$

が得られる．逆に，力F_fの方向におねじを進ませるのに必要なトルクは

$$T = F_f(d_2/2)\tan(\rho - \beta) \quad (4.4)$$

となる．式(4.4)はねじを緩めるのに必要なトルクである．ρを摩擦角といい，$\rho \geq \beta$であればねじが自然に緩むことはない．これをねじの自立条件という．

三角ねじの場合，図4.5に示すように，ねじ山直角断面でのフランク角がα'であるねじ面での垂直効力N'と角ねじ（フランク角$0°$）の垂直抗力Nの間に，

$$N' = N/\cos\alpha' \quad (4.5)$$

の関係があることを利用して，

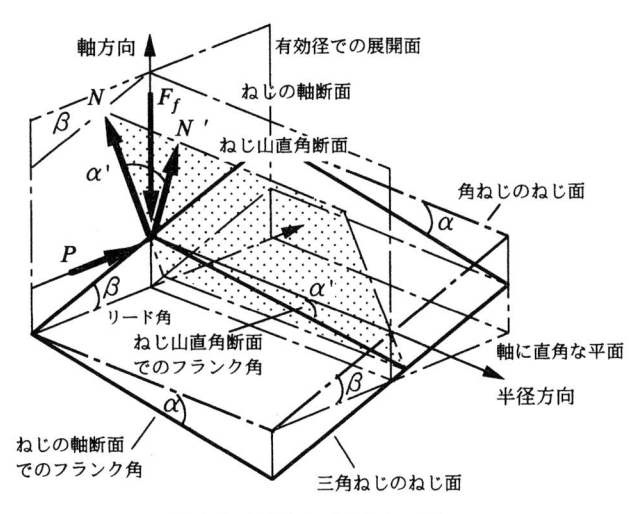

図 4.5 三角ねじでの力のつり合い

$$T = F_f(d_2/2)\tan(\rho' \pm \beta) \tag{4.6}$$

が得られる．＋は締め付ける場合を，－は緩める場合である．ただし，

$$\tan \rho' = \mu/\cos \alpha' \tag{4.7}$$

であり，また α' とフランク角 α（軸断面）には次の関係がある．

$$\tan \alpha' = \tan \alpha \cdot \cos \beta \tag{4.8}$$

ねじが軸方向の運動でした仕事と，ねじに加えた仕事の比をねじ効率といい，次式で表される．

$$\eta = \tan \beta / \tan(\rho' + \beta) \tag{4.9}$$

c．ねじ山の種類

式 (4.6)，(4.9) から，リード角 β, フランク角 α, 摩擦係数 μ によって，ねじを締め付けたり緩めたりするのに要するトルクやねじ効率が違うことがわかる．たとえば，リード角と摩擦係数が等しい場合，フランク角が大きいほど ρ' が大きくなり緩みにくいが，ねじ効率は低くなる．ねじ山の形には三角ねじの他図 4.6 に示すようなものがあり，それぞれの特徴は以下のとおりである．

（1）三角ねじ　ねじ山が三角形のもので，フランク角が大きく緩みにくいので締結用に用いられることが多い．ねじ山の角度が 60° で，ピッチを mm で表すメートルねじと，1インチ (25.4 mm) 当りの山数で表すユニファイねじが

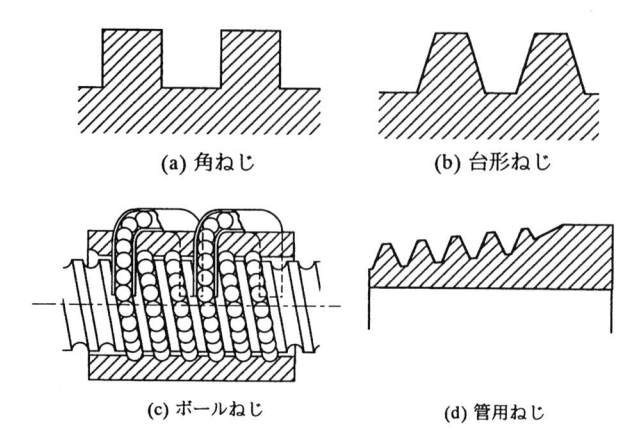

(a) 角ねじ (b) 台形ねじ
(c) ボールねじ (d) 管用ねじ

図 4.6　ねじ山の形

ある．また，通常用いられる並目ねじと，これよりピッチの小さい細目ねじがある．細目ねじは，ねじ山とリード角が小さく，薄肉部品にねじを設ける場合，位置の調整を精密に行う場合，緩みがとくに問題となる場合などに用いられる．
（2）　角ねじ・台形ねじ　　フランク角が小さいため，ねじ効率が高く運動・動力伝達に用いられる．
（3）　ボールねじ　　おねじとめねじの間の滑り摩擦を転がり摩擦に置き換え，摩擦係数をきわめて小さくしたものである．高いねじ効率を実現でき運動用に使用される．直線運動を回転運動へ変換することが可能なものもある．
（4）　管（くだ）用ねじ　　管どうしの接続に使用される．機械的結合を主目的とする場合は平行ねじが，流体の密封を主目的とする場合はテーパねじが用いられる．呼びには管の内径が使われる．

d.　ねじ部品

締結に用いられるねじ部品の代表的なものを図4.7, 4.8に示す．
（1）　ボルト・ナット　　ボルト（bolt）は円筒の外周面におねじを設けたもので，回転させるために頭部を六角形とした六角ボルトと，六角形のくぼみをもつ六角穴付きボルト，両端におねじ部をもつ植込みボルトがある．六角ボルトによる締結は，めねじをもつ六角ナットと組み合わせる通しボルト，相手にめねじを設ける押えボルトがある．通しボルトは低コストであるが両端に手が届く必要がある．押えボルトは，貫通穴が不可能な場合に用いられるが，組立分

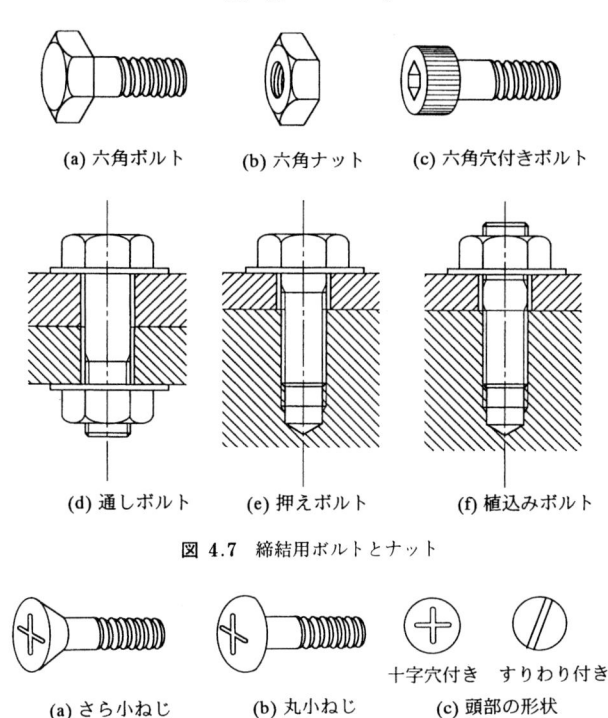

(a) 六角ボルト　(b) 六角ナット　(c) 六角穴付きボルト

(d) 通しボルト　(e) 押えボルト　(f) 植込みボルト

図 4.7　締結用ボルトとナット

(a) さら小ねじ　(b) 丸小ねじ

十字穴付き　すりわり付き
(c) 頭部の形状

(d) 止めねじ　(e) 平座金　(f) ばね座金

図 4.8　小ねじと座金

解の繰返しによりねじ山が摩耗するため，ほとんど分解しない部分に適する．植込みボルトは，一方を本体にねじ込み，他方にナットをかけて締め付けるので，本体のめねじの摩耗を防ぐことができる．六角穴付きボルトは強度が大きく，押えボルトの形式で使用される．

（2）小ねじ　　呼び径が 8 mm 以下の頭付きのおねじを小ねじという．一般に，マイナスねじと呼ばれるすりわり付き小ねじとプラスねじと呼ばれる十字穴付き小ねじがある．また，ねじの先端で摩擦で部品間の動きを止める止めねじもよく用いられる．

（3）座金　　座金（washer）はボルトやナットと締め付けられる部品の間に

入れ，締付けによる損傷を防ぐとともに，ボルトやナットのすわりをよくする．ねじの緩み防止を目的とするばね座金や歯付き座金もある．

4.3 ば　　ね

a．ばねのしくみと用途

一般に，機械部品は作用する力に対して変形を起こさないことが求められる．しかし，ばね (spring) は逆に変形することによって荷重による仕事を弾性エネルギーとして吸収・貯蔵し，必要に応じて放出する作用を利用する機械要素である．そのため，変形しやすく，またその変形に耐えられる強度を有するよう形状と材料が工夫されている．

ばねに加わる荷重 P と変形量 δ の間には，多くの場合 $P=k\delta$ の関係が成立し，比例定数 k をばね定数という．このようなばねを線形特性ばねといい，また，比例関係が成立しないばねを非線形特性ばねという．ばねが貯蔵するエネルギーは

$$U = \int_0^\delta P d\delta \qquad (4.10)$$

であり，線形特性ばねについては $U=(1/2)k\delta^2$ となる．

ばねの用途は，
（1）一定の力またはトルクの発生　　ばねをあらかじめ変形させ，それにより発生する力やトルクを保持する．　(例)内燃機関の弁ばね
（2）衝撃の緩和やエネルギーの吸収　　変形することで衝撃を緩和する．ダッシュポットと組み合わせて緩衝装置としてエネルギーの吸収や振動の減衰を行う．　(例)車両の懸架装置（サスペンション）
（3）動力源・エネルギーの貯蔵　　ばねにエネルギーを蓄え，これを取り出すことにより動力源とする．　(例)ゼンマイ
（4）力の測定　　ばねの荷重と変形の関係を利用し，変形量から力の測定を行う．　(例)体重計
（5）締結要素　　ばねの弾性力を締結に利用している．　(例)止め輪
（6）振動要素

b．ばねの種類

ばねは変形しやすいよう様々な形のものがある．代表的なものを図 4.9 に示す．

(1) コイルばね (coil spring)　コイルばねは，円形断面や長方形断面の線材をコイル状に巻いたばねで，最も広く使用されており，荷重の方向により，引張りコイルばね，圧縮コイルばね，ねじりコイルばねに分類される．引張りおよび圧縮コイルばねでは荷重はコイルの軸線に平行に働き，ばね素線材料にはねじり応力が生じる．ねじりコイルばねではコイル軸線の直角方向に作用し，ばね素線には曲げ応力が生じる．

引張りおよび圧縮を受ける円筒コイルばねのばね定数 k は，次式のようになる．

$$k = \frac{Gd^4}{8N_a D^3} \tag{4.11}$$

ここで，d：素線材料の直径，G：横弾性係数，N_a：コイル有効巻き数，D：コイル平均直径である．

鼓形コイルばね，たる形コイルばね，円すいコイルばね等では，荷重に対する変位量がコイル各部で異なり，荷重が大きくなると変形が大きな部分やコイルの間隔が小さな部分でばね素線どうしの接触が始まり，ばね特性が非線形となる．

荷重 P が作用したとき，ばね素線に発生する最大せん断応力 τ_{max} は次式で求められる．

$$\tau_{max} = x \frac{8PD}{\pi d^3} \tag{4.12}$$

x は応力修正係数と呼ばれる曲率の影響を考慮するもので，JIS ではワール (Wahl) によって提案されたワールの応力修正係数

$$x = \frac{4c-1}{4c-4} + \frac{0.615}{c} \tag{4.13}$$

が採用されている．ここで，$c = D/d$ で，ばね指数と呼ばれる．

(2) 重ね板ばね (laminated spring, leaf spring)　重ね板ばねは，片持ちはりの曲げ変形を利用したもので，細長い板を重ねて中央部を締め付けたばねである．このばねは，板間の摩擦が振動の減衰作用をもつこと，構造部材の役目も兼ねることから構造が簡単にでき，トラックや鉄道車両の懸架装置として広く使われてきた．

(3) トーションバー (torsion bar)　トーションバーは，棒のねじり変形を利用したもので，中空または中実丸棒の一端を固定し，他端にアームを付けて

72　　　　　　　　　　　4. 機械設計と機械要素

(a) 引張りコイルばね

(b) 圧縮コイルばね

(c) 円すいコイルばね

(d) ねじりコイルばね

(e) 重ね板ばね (JIS B 2710-2000)

荷重　　トーションバー
(f) トーションバー

(g) うず巻きばね

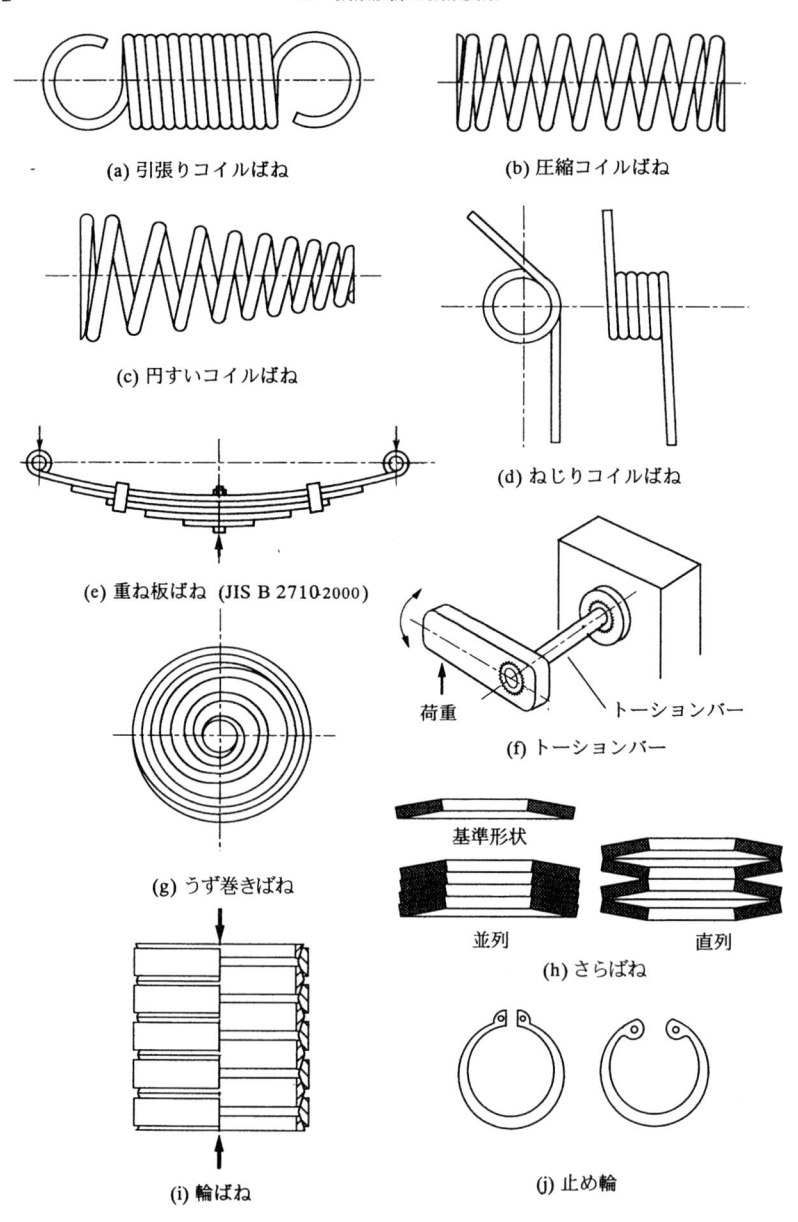

基準形状
並列　　　直列
(h) さらばね

(i) 輪ばね

(j) 止め輪

図 4.9　ばねの種類

使用されることが多い．ばね特性や最大応力は丸棒のねじりから見積もることができ，形状が簡単で小さなスペースで大きなエネルギーを吸収できる．
（4）うず巻きばね (spiral spring)　うず巻きばねは，薄板をうず巻き状に巻いたもので，ねじりモーメントによってばね材料には曲げ変形が生じる．小さい容積に大きな回転変位とエネルギーを貯蔵できる．
（5）さらばね (coned disk spring)　さらばねは，背の低い円錐状をしており中央部に穴があいている．小さな容積で大きな圧縮荷重を支持することができる．一般に数枚を重ねて使用する．たわみは，直列組合せでは枚数に比例し，並列組合せでは枚数に反比例する．
（6）輪ばね (ring spring)　輪ばねは，それぞれ内側に傾斜面をもつ外輪と外側に傾斜面をもつ内輪を交互に組み合わせたもので，軸方向の荷重に対し内輪は圧縮，外輪は引張りを受ける．内外輪間の摩擦のため負荷時と除荷時でばね特性が大きく異なり，大きなエネルギーを吸収することができる．
（7）止め輪 (retaining ring)　止め輪は，一部に切れ目をもつリング状をした部品で，軸または穴に設けた環状の溝に専用工具ではめ込み，軸や穴に取り付けられた部品が軸方向に移動するのを防ぐ．高荷重，高速回転には向かない．

c．ばねの材料
ばね材料は，金属（鋼，非鉄金属）と非金属（ゴム，流体，合成樹脂）に大別される．ばねは弾性変形することで役割を果たすので，他の機械要素に比べて高い弾性限度が求められ，高い耐衝撃性，高い疲れ限度が必要である．また，使用環境によっては耐食性や耐熱性が求められることがある．

4.4　軸および軸継手

機械はエネルギーの供給を受けて仕事をするもので，モータやエンジンで発生する動力を他の機械装置や機械内部の各部分へ伝達する必要がある．回転により動力を伝達する機械要素を伝動軸 (shaft) といい，2つの軸の軸端どうしを結合して回転および動力を伝える機械要素を軸継手 (shaft coupling) という．

a. 伝動軸の強度と剛性

伝動軸はねじりモーメント(トルク)を受けながら回転するので,強度とねじり剛性の評価が必要である.動力 H [W] を1分間当たりの回転速度 n_0 [rpm] で伝達している伝動軸に作用するねじりモーメント T [N·m] は,次式で求めることができる.

$$T = \frac{60H}{2\pi n_0} \tag{4.14}$$

ねじりモーメント T によって直径 d の中実棒に生じる最大せん断応力 τ_{max} は,

$$\tau_{max} = \frac{16T}{\pi d^3} \tag{4.15}$$

であり,これが材料の許容せん断応力 τ_a を超えないよう材料と軸径 d を選ぶ.

ねじり剛性については,円滑な動力の伝達のために伝動軸の 1 m 当たりのねじれ角が 0.25° 以下になるよう設計される.ねじりモーメント T によるねじれ角 θ は,軸の長さを L として次式で求められる.

$$\theta = \frac{32TL}{\pi G d^4} \tag{4.16}$$

b. キー

軸と歯車や軸継手など回転体の間で動力の伝達を行う最も一般的な方法が,図 4.10 のように軸と回転体のボスの間にキー(key)を介する方法である.軸とキー,キーとボスの間の力の伝達方法によりいくつかの形式がある.伝達トルクは,くらキー,平キー,沈みキーの順に大きくなり,接線キーは衝撃的なトルクを伝える場合に用いられる.半月キーは,キーおよびキー溝が半月状であり,キーの傾きが自動的に調整される.ただし,キー溝が深く軸の強度低下に注意する必要がある.

キー断面寸法ごとに適用できる軸径が決められている.軸にキー溝を設けた場合,強度の低下が生じるので,その考慮が必要である.

c. 軸継手

軸継手は,結合する2つの軸の位置関係から大きく2つに分類される.図 4.11, 4.12 に代表的なものを示す.

4.4 軸および軸継手

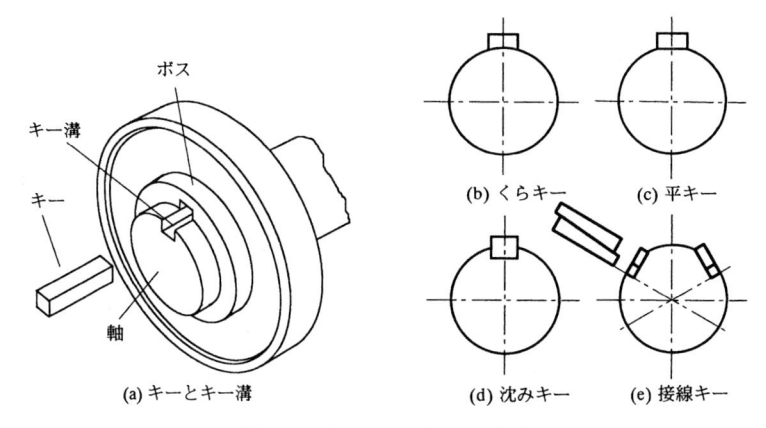

(a) キーとキー溝
ボス
キー溝
キー
軸

(b) くらキー
(c) 平キー
(d) 沈みキー
(e) 接線キー

図 4.10　キーによるトルクの伝達

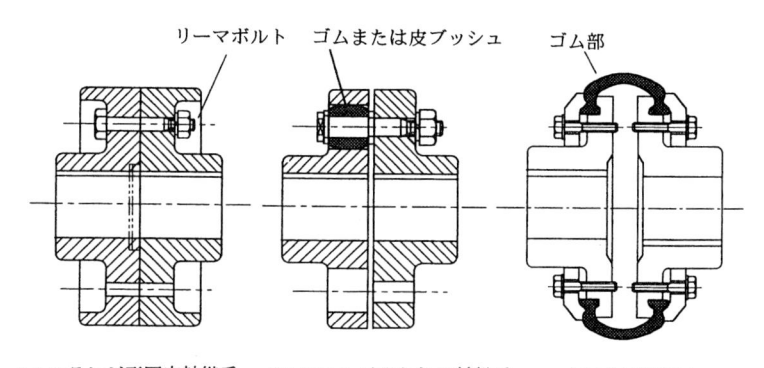

(a) フランジ形固定軸継手
リーマボルト

(b) フランジ形たわみ軸継手
ゴムまたは皮ブッシュ

(c) ゴム軸継手
ゴム部

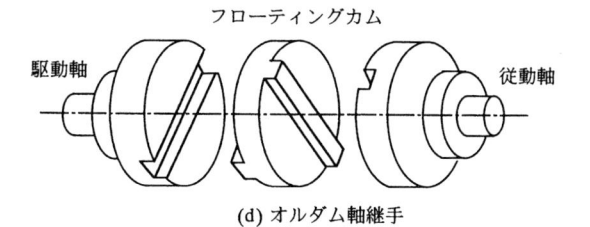

(d) オルダム軸継手
駆動軸　フローティングカム　従動軸

図 4.11　代表的軸継手

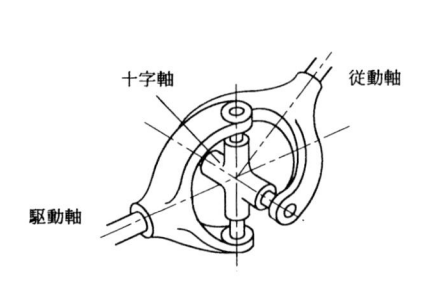

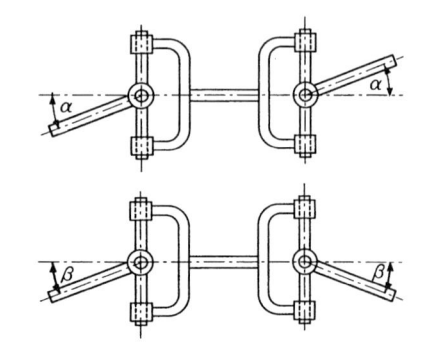

(a) 十字軸形自在継手(不等速形軸継手)　　(b) 不等速軸継手を対称に組合わせた等速軸継手

図 4.12　自在軸継手

（1）2軸が同一直線上にある場合　両端を完全に結合して軸心の狂いを許さない固定軸継手（rigid coupling）と，わずかな狂いを許すたわみ軸継手（flexible coupling）がある．

固定軸継手の代表的なものがフランジ形固定軸継手で，フランジと呼ばれるつば形の回転体をキーを介して軸に取り付け，フランジどうしをボルトによって結合するものである．たわみ軸継手では結合ボルトの回りにゴムや革ブッシュを挿入したり，フランジ間の結合にゴムや金属ばねなどの弾性要素を用いるなどして，2軸のずれを吸収する．たわみ軸継手では振動や衝撃の伝達を軽減することができるが，固定軸継手に比べ許容伝達トルクや許容回転数は小さい．たわみ軸継手にはフランジ間の伝達を歯車やチェーンにより行うものもある．

2つの軸心が平行で，そのずれが小さい場合にはオルダム軸継手（Oldham's coupling）が使用できる．フローティングカムが継手本体の溝を移動することで2軸のずれに対応する．

（2）2軸が交差する場合　軸心が交差する2軸を結合する軸継手が自在軸継手（universal joint）で，十字軸形自在継手や，これを大きなトルクを伝えられるよう改良したこま形自在継手がある．いずれも従動軸の回転速度が変動する不等速形軸継手である．これを中間軸を介して2個を1対で使用すると，回転速度の変動を打ち消すことができ，2軸が平行な場合の伝動を行うこともできる．等速形自在軸継手はこれを巧妙に1個の軸継手で行うものでベンディックス形やバーフィールド形がある．

4.5 軸　受

運動物体を支持する機械要素を軸受（bearing）という．往復運動を支える要素を案内（guide），回転軸を支える要素を軸受と区別することもある．

軸受の基盤技術はトライボロジー（tribology）である．機械には相対運動を行う2面が必ず存在しており，この2面間の相対運動に伴って発生する諸現象とそれに関連した諸問題を取扱う学問分野がトライボロジーである．その主たる対象分野は摩擦（friction）・摩耗（wear）・潤滑（lubrication）である．

軸受の形式には，①プラスチックのようなせん断強度の低い非金属や，焼結含油金属のように多孔質材料中に潤滑油を含浸させたものなどを軸受材料として使用する自己潤滑軸受（rubbing bearing），②玉・ころなどの転動体を介して転がり接触を行う転がり軸受（rolling bearing），③潤滑油や空気などの流体膜を介して荷重を支持する滑り軸受（sliding bearing），④磁石の反発力または吸引力を利用した磁気軸受（magnetic bearing），がある．各種軸受の使用頻度を概念的に図4.13に示す[3]．

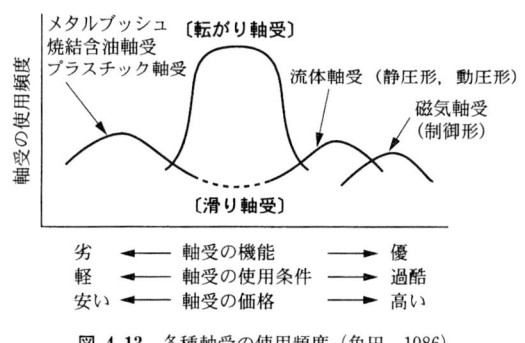

図 4.13　各種軸受の使用頻度（角田，1986）

a.　潤　滑

潤滑の目的は荷重を支えている2面間に潤滑剤（lubricant）を供給することにより，摩擦の減少や制御，摩耗，焼付などの表面損傷の発生を防止または軽減することである．潤滑の形態は基本的には流体潤滑（fluid film lubrication），境界潤滑（boundary lubrication），固体［膜］潤滑（solid [film] lubrication）の3つに大別できる．

流体潤滑は摩擦面間が流体潤滑膜により完全に分離している潤滑状態であり，摩擦が小さく，摩耗も皆無に近くなる．荷重負荷能力の発生には動圧形と静圧形とがある．前者は軸の回転運動を利用して流体膜を形成するものであり，後者はポンプあるいは圧縮機を補助装置として高圧流体を軸受内に圧送することによって流体膜を形成するものである．

境界潤滑は，摩擦面に吸着した単分子膜ないしは数分子膜程度の吸着膜（境界膜）による潤滑状態であり，固体潤滑は，摩擦面に付与した固体物質により，摩擦，摩耗を低減させる潤滑法である．また，流体潤滑膜の厚さが薄くなり，流体潤滑と境界潤滑の部分が混在する潤滑状態を混合潤滑（mixed lubrication）という．図 4.14 に各潤滑状態と摩擦係数の関係（ストライベック曲線）を示す．

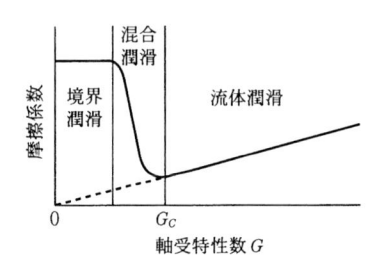

図 4.14 ストライベック曲線
軸受特性数：潤滑油粘度×すべり速度/荷重

b. 滑り軸受

滑り軸受は軸方向荷重を支持するスラスト軸受（thrust bearing）と軸直角方向荷重を支持するジャーナル軸受（journal bearing）に分類される．滑り軸受は，負荷能力が高く，高速性能もよく，半永久的な寿命をもち，振動減衰性，対衝撃性にも優れているため，プレスやエンジン軸受のように負荷が大きい場合や強い衝撃荷重が作用する場合，回転軸の振動減衰を考慮せねばならない高速回転機械などの軸受に推奨される．しかし，1つの軸受でラジアル，スラスト（またはアキシアル）両方向の荷重を支持することはできず，設計・生産の全コストを考えるとそのコストパフォーマンスは一般に転がり軸受よりも低い．

滑り軸受の設計は，軸受の機械的強度の確保，流体潤滑状態の確保，摩擦損失の低減などを考慮して実施される．すなわち，直接接触を防ぐために最小許容膜厚を確保すること，潤滑油の効力の喪失と軸受材料の強度低下を防止するために

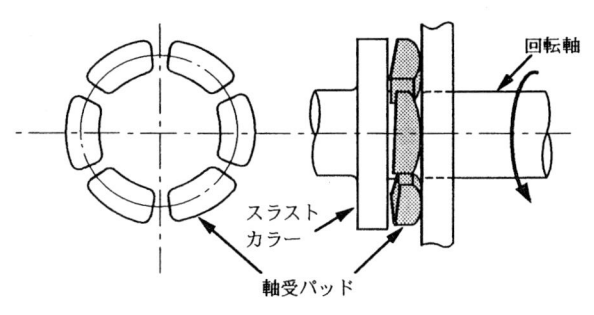

図 4.15 スラスト軸受

温度上昇を許容最高温度以下に維持すること，また最大油膜圧力を軸受材料の最高許容面圧以下に押さえることが必要である．

スラスト軸受は，基本的には図 4.15 に示すように，回転軸に設けたスラストカラーと 6~8 個の軸受パッドから構成されている．

ジャーナル軸受には，図 4.16 に示すような種々の形式がある．軸と軸受との直径差または半径差を軸受すき間といい，軸受すき間は通常は軸径の 1/1000 程度ときわめて小さい．

滑り軸受材料には，① 耐焼付性，② 機械的強度(疲れ強さ，圧縮強さ，耐摩耗)，③ 順応性 (なじみ性 (片当り適合性，表面あらさの改善)，埋込性など)，④ 環境適合性 (耐食性など)，⑤ コストパフォーマンス (価格，性能を含めた経済性) に優れていることが要求される．これらの事項を同時に満足する材料はなく，これ

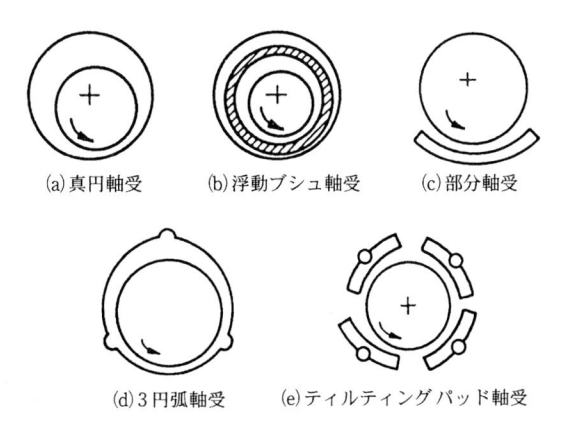

(a) 真円軸受 (b) 浮動ブシュ軸受 (c) 部分軸受

(d) 3 円弧軸受   (e) ティルティングパッド軸受

図 4.16 ジャーナル軸受の形状

らの要求の中でどの特性が重要であるかを考慮して材料を選択せねばならない．軸受材料としては，強い素地に軟らかい低融点金属の点在するアルミニウム合金，銅鉛合金（ケルメット），軟らかい素地に硬い銅やアンチモンの化合物が点在するすず基ホワイトメタル(white metal)，鉛基ホワイトメタルなどが使用されている．

c. 転がり軸受

転がり軸受は，軸に垂直に作用する荷重を主として支持するラジアル軸受と軸に平行方向の荷重を支持するスラスト軸受に大別される．転がり軸受は，規格化された高精度の製品が専門メーカによって多量生産されており，組立・調整も容易であるため設計・生産のトータルコストは低く，コストパフォーマンスが良好であるので最も使用頻度の高い軸受である．設計に際しては，軸受そのものを設計，製作する必要はなく，機械回転部の機能，性能を維持できる軸受をメーカ出版のカタログから選定すればよい．

転がり軸受は，図 4.17，4.18 に示すように，内輪（inner ring），外輪（outer ring），転動体(rolling elements)（球，ころ，円錐ころ），および保持器(retainer)から構成されている．深溝玉軸受は最も一般的に使用される軸受である．

軸受の配列に際しては，一方の軸受を軸方向に動かないように固定し（固定側軸受），他方を軸の熱膨張，軸と軸受箱（ハウジング）の製作誤差などを考慮して

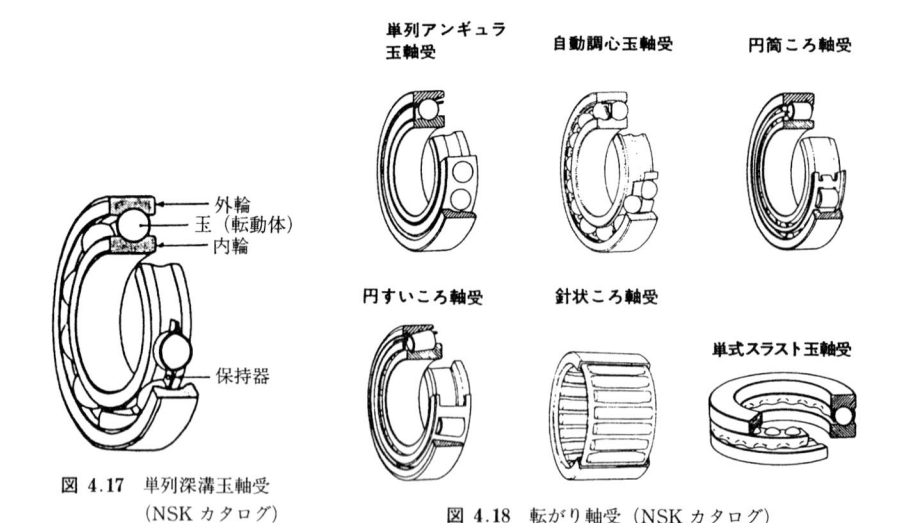

図 4.17 単列深溝玉軸受
（NSK カタログ）

図 4.18 転がり軸受（NSK カタログ）

軸方向に可動できる（自由側軸受）ようにするのが普通である．高精度を要しない軸の場合には軸受と軸受箱を組み合わせた各種軸受ユニットの利用（図4.19），軸受寸法に合わせて製作されている取付け部のある軸受箱（プランマブロック）の選択が便利である．

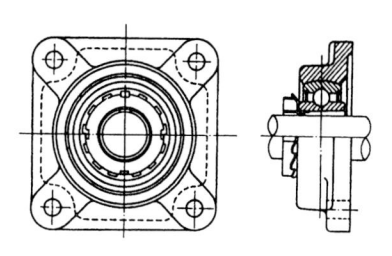

図 4.19 軸受ユニット（JISB 1557 より）

転動体，内外輪は転がり接触下で高い接触圧力の繰返しを受けるので，転がり疲れ強さ，圧縮弾性限の高い材料が使用される．一般用には高炭素クロム鋼 SUJ 2（ロックウェル硬さ HRC 50～63）が，また 150～350℃ 程度までは耐熱用の高速度鋼 M 50，耐食性が要求される場合にはステンレス鋼 SUS 440 C が使用される．

（1）　転がり軸受の損傷

転がり軸受の損傷は，機能上の損傷と強度上の損傷に大別される．前者は，軸受精度の低下，騒音・振動の発生，摩擦損失の増大などであり，情報機械や工作機械などに対して致命的な機能低下あるいは性能低下をもたらす．これらの損傷は，潤滑剤の劣化や外部からの異物の混入による転送面の損傷が主原因であり，潤滑法や密封装置の改良によって防止可能である．後者には，転動体および軌道輪の永久変形と，転動体の転がり運動に伴う動的な転がり疲れ損傷とがある．

接触面に永久変形が発生すると円滑な回転が妨げられる．また，転がり疲れは高い接触応力を繰り返し受けることにより，転送面または転送面下にき裂が発生し，それが伝ぱすることにより接触表面の一部が薄片となって剥離する現象である．転がり疲れにより，軌道面または転動面にフレーキング（flaking）と呼ばれるうろこ状の穴が発生する．軸受の寿命は，このフレーキングが発生するまでの総回転数で表すが，軸受の寿命は，寸法，構造，材料，熱処理，加工方法などを同じにし，同一条件で運転してもばらつくので，寿命を統計的現象として取り扱う定格寿命（rating life）が軸受寿命として採用されている．

定格寿命とは，一群の同じ呼び番号の軸受を同じ条件で運転したとき，その90%の軸受が転がり疲れによる材料損傷を起こすことなく回転できる総回転数をいう．また，内輪を回転させ外輪を静止させた条件で，定格寿命が100万回転になるような作用方向と大きさが変動しない荷重を基本動定格荷重といい，軸受ごとにカタログに記載されている．

(2) 許容回転速度

軸受内径を d [mm]，外径を D [mm]，回転速度を n [rpm] とし，$d_m = (d+D)/2$ とすれば，dn あるいは $d_m n$ は軸受の回転周速の基準値とみなすことができる．これらの値が増加すると軸受温度が増加し，軸受が焼付く危険性が増大する．そこで，軸受の回転速度限界の目安として限界 dn 値あるいは限界 $d_m n$ 値（dn 値よりも約40%大きい）が使用される．高速化のためには，潤滑と冷却のために，遠心力に抗して潤滑油を軸受内に確実に導くことが必要である．なお，$d_m n$ 値がきわめて高い場合には，潤滑法の改善によって温度上昇が抑えられたとしても，遠心力の増加による接触圧力の増加や円周方向引張り応力（フープ応力）の増大が軸受の破損をもたらすため，これらが $d_m n$ 値の限界を規定することになる．

4.6 動力伝動装置

動力を発生する原動機から作業を行う機械へ，動力もしくは運動の伝達を行う機械要素を伝動装置といい，2軸の間での動力の伝達，回転速度の変換（変速）を行うことができる．

伝動装置には，2軸間に巻き掛けることのできる柔軟で引張り力に耐えうる要素（例：ベルト，チェーン）を用いる巻掛け伝動装置（図4.20），1対の回転体の周囲に一定の間隔で設けた歯のかみ合いによる歯車伝動装置（図4.22），2物体間の摩擦を利用する摩擦伝動装置がある．どれを用いるかは2軸間の距離や位置関係，回転精度，許容滑り率，コストなどから決められる．

a. 巻掛け伝動装置

(1) Vベルト伝動装置　プーリ(pulley)と呼ばれる円盤状の物体を軸に取り付け，ベルト(belt)を掛けて伝動する．プーリとベルトの間は摩擦力によって動力が伝達される．現在では図4.20に示すように外周面V字形の溝をもつプーリとVベルトによるVベルト伝動装置が広く使われている．長所は，①軸

4.6 動力伝動装置

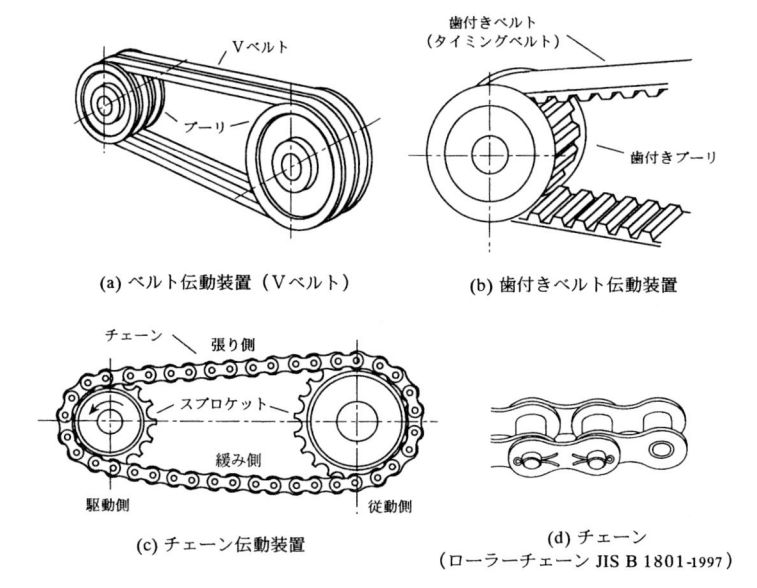

図 4.20 巻掛け伝動装置
(a) ベルト伝動装置（Vベルト）
(b) 歯付きベルト伝動装置
(c) チェーン伝動装置
(d) チェーン（ローラーチェーン JIS B 1801-1997）

間距離の制約が少ない，② 大きな速度比が得やすい，③ 衝撃や振動が吸収され，滑らかで静粛，④ 装置が簡単で潤滑が不要，⑤ 滑りが過負荷に対する安全装置の役割を果たす，ことなどである．一方，摩擦力を利用するためベルト-プーリ間に大きな接触圧力が必要なため，静止時から大きな張力（初張力という）をかけておく必要がある．

（2） 歯付きベルト伝動装置　摩擦による伝動では滑りが問題となる場合もある．このような場合はベルトとプーリに歯を設けた歯付きベルト（タイミングベルト；toothed belt, timing belt）伝動装置が用いられる．低い張力で大きな動力を確実に伝動でき，幅広い用途に使われている．

（3） チェーン伝動装置　ベルト伝動装置のプーリとベルトをチェーン（chain）とスプロケット（sprocket）に置き換えたもので，① 滑りがなく大動力の伝動ができる，② 初張力が不要で軸受の負担が小さい，という長所をもつ．一方でチェーン重量は大きいため，ベルト伝動より低回転速度で使用される．

b．歯車伝動装置

歯車は，1組の回転体の周囲にそれぞれ一定の間隔で歯を設け，それを次々にか

み合わせて動力を伝達するものである．この1組を歯車対といい回転速度の比はその歯数の比によって決まる．歯車による伝動は，① 大動力の確実な伝動ができる．② 装置が小形ですむ，③ 高精度，高効率の伝動が可能，④ 歯車対の数により出力軸の回転方向が選べる，⑤ 複数の歯車対を組み合わせ歯車列とすることで大きな変速比が得られる，などの長所をもつため，動力伝動装置および変速装置として広く使われている．しかし，その一方で，① 加工や組立に精度が要求される，② 潤滑の必要がある，③ 高速回転で騒音が発生しやすい，などの欠点がある．

c. 歯のかみ合い

歯車の歯面の形にはインボリュート曲線 (involute curve) が使われる．インボリュート曲線は基礎円に巻き付けた糸をほどいたときの糸先端の軌跡である．図 4.21 に示すようにインボリュート曲線どうしの接触点は常に基礎円の共通接線上にあり，この共通接線がインボリュート曲線の法線であることから，力もこの共通接線にそって伝達される．この共通接線を作用線と呼ぶ．一方の回転速度が一定であれば接触点の作用線上の単位時間当たりの移動距離は一定となり，他方の回転速度も一定となる．歯車では1対の歯のかみ合いが終わる前に次の歯の接触が始まり，とぎれることなく動力の伝達が行われる．

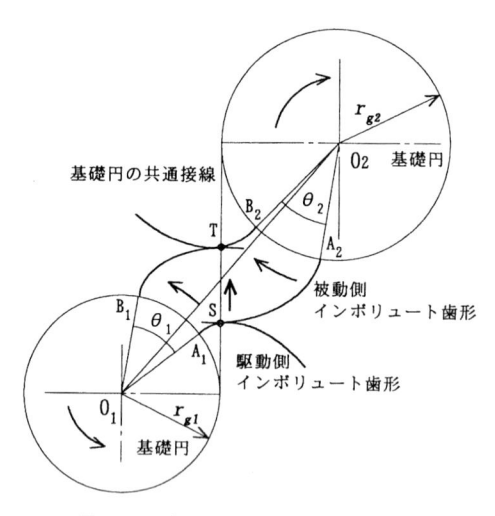

図 4.21 インボリュート歯車のかみ合い

d. 歯車の種類

歯車には図 4.22 に示すように種々の形状をしたものがあり, 軸の相対位置関係と歯すじの方向によって分類される. 平歯車 (super gear), はすば歯車 (helical gear) は平行 2 軸間に用いられる. はすば歯車は薄い平歯車の位相を少しずつずらして重ね合わしたようになっており, かみ合いが滑らかに行われる. しかし, 歯すじが軸に対して傾いているため, 軸方向の荷重が発生する. ねじ歯車 (crossed helical gear) は食違い軸間の動力伝達に用いられる. かさ歯車 (bevel gear) は交差する 2 軸間に用いられる. ハイポイドギヤ (hypoid gear) はかさ歯車の 2 軸が交差しないもので, 自動車の駆動後車軸によく使用される. ウォームギヤ (worm gear) は, ウォーム (worm) とウォームホイール (worm wheel) から構成される. ウォームは一種のねじとみなすことができ, ウォームの回転により進むねじ山がウォームホイールの歯を押すことになるため, 大きな減速比が得られる. 通常はウォームを入力側として使用する.

(a) 平歯車　　(b) はすば歯車

(c) ねじ歯車　　(d) かさ歯車（すぐ歯）

(e) ハイポイドギヤ　　(f) ウォームギヤ

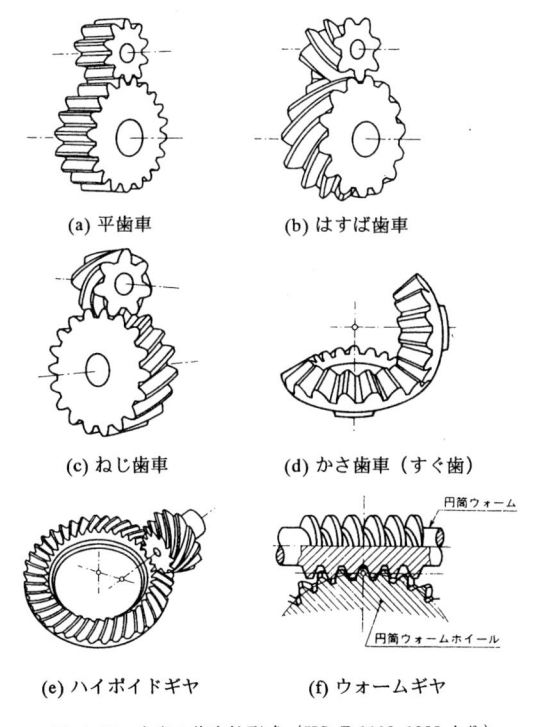

図 4.22　歯車の代表的形式（JIS B 0102-1983 より）

e. 摩擦伝動装置

円柱形，円錐形，または球形の物体を互いに押しつけて発生する摩擦力を利用して動力を伝達する装置を摩擦伝動 (friction drive) 装置またはトラクションドライブ (truction drive) 装置という．動力の伝達には潤滑油によって2面を分離した状態で油のせん断抵抗を利用しており，大きな伝動容量を得るためにはせん断抵抗の高い潤滑油と大きな押しつけ力が必要である．摩擦伝動は，① 騒音・振動がきわめて小さく，静粛な高速運転が可能，② 形状を工夫することで無段変速が可能，という長所をもつ．図 4.23 に例を示す．

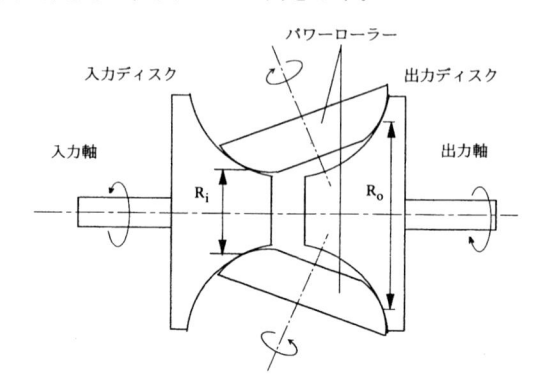

図 4.23 トラクションドライブの例 (ハーフトロイダル形)

演習問題

4.1 M 8 (メートル並目ねじ，ピッチ 1.25 [mm]，有効径 $d_2=7.188$ [mm]) のボルトを用いて 6000 [N] の締結力を得たい．ボルトの中心から 150 [mm] のところに回転力を加えるとすると，必要な力はいくらか．また，これを緩めるのに必要な力はいくらか．摩擦係数は 0.15 とする．

4.2 ねじ効率についての式 (4.9) を導き，フランク角 30°，有効径 33.40 [mm]，ピッチ 4 [mm] の三角ねじと，フランク角 15°，有効径 33.00 [mm]，ピッチ 6 [mm] の台形ねじのねじ効率を比較せよ．摩擦係数は 0.15 とする．

4.3 材料の直径 6 [mm]，コイル平均径 50 [mm]，有効巻き数 8 の円筒コイルばねのばね定数を求めよ．また，荷重 500 [N] のとき，材料に生じる最大せん断応力を求めよ．ただし，横弾性係数を $G=78$ [GPa] とする．

4.4 2400 [rpm] で動力 30 [kW] で伝動する軸の径を求めよ．ただし，軸材料の許容せ

ん断応力を 40 [MPa]，横弾性係数を 78 [GPa] とする．

4.5 巻掛け伝動装置では動力の伝達に際して，ベルトやチェーンに"張り側"と"緩み側"が生じる（図 4.20 参照）．V ベルト伝動装置がベルト速度 10 [m/s] で 2.2 [kW] の動力を伝達しているとき，張り側の張力が緩み側の 2.5 倍として張り側の張力を求めよ．

4.6 図 4.21 を参照して，歯車対では駆動側の回転速度が一定であれば，被動側の回転速度も一定となることを示せ．

Tea Time

私がトライボロジーという学問分野を知りましたのは，九州大学機械工学科 4 年時に恩師である故平野冨士夫九州大学名誉教授の潤滑工学（当時はまだトライボロジーという用語はなく，潤滑工学が一般に使用されていた）の講義が初めてです．当時，潤滑工学が必修科目として機械工学科で講義がなされたのは，九州大学だけだと思います．その潤滑工学の講義において，日常どこにでも目にしている摩擦や摩耗現象が，理論的に取り扱うことが可能であることがわかったことが，トライボロジーに興味を覚えたきっかけです．それ以来，30 余年，トライボロジーに関する研究と教育に携わってきています．

平野先生は「トライボロジストは医者でいえば臨床医であり，実際の現象をしっかりと観察し，それに基づいて問題に対処することが最も肝心である．頭の中だけで考えては迷路に陥ったり，現実と遊離した結論を引き出す危険性がある」と何時も言われていました．この教えは，私の研究生活を支える座右の銘となっています．

トライボロジーに関していえば，摩擦・摩耗等のトライボロジー的課題は機械の設計・製作においては 2 次的要素と考えられがちでありますが，トライボロジー的課題を解決せずにはどのような機械も実用化できないことは確かであります．たとえば，真空中での摩擦面間の焼付発生を克服しないと人工衛星は実現しなかったでしょうし，材料，形状を含めたトライボロジー的考慮なしには人工関節はとても実用化できなかったはずです．しかしながら，トライボロジストが摩擦・摩耗に関する課題を解決し，画期的な高効率，省エネルギーの機械を完成させたとしても，脚光を浴びるのは，トライボロジスト以外の技術者であることが多く，トライボロジストは「縁の下の力持ち」的な役割を果たすことが多いのが現実です．

新しい機械を完成させる過程は，トライボロジストをはじめこの「縁の下の力持ち」的技術者により支えられていることが普通であり，このことを忘れてはいけません．これは，なにも工学の世界ばかりでなく，日常の社会活動においても成り立つことであります．

5. 機械製作

5.1 機械製作の流れ

　製作しようとする機械に対する機能の要求から，まず基本的な概念設計が行われる．この概念設計から，構造・強度・寿命・安全性・経済性などが考慮された具体的な詳細設計を経て，各部品製作および組立のための部品図・組立図などの製作図が出される．部品図には，形状・寸法はもとより，材料・熱処理法・硬さ，寸法公差・表面粗さなど，部品製作にとって必要な情報が含まれている．各部品の加工にあたっては，材料の性質を考慮した，また，機能を満足する表面状態にすることが要求される．すなわち，素材や要求される表面状態に応じた加工法の選択，生産性・経済性を考えた加工機械・工具・加工条件の設定が重要となる．

　機械製作の流れを図 5.1 に示す．標準の棒材・形材・板材などの素材を切断後，

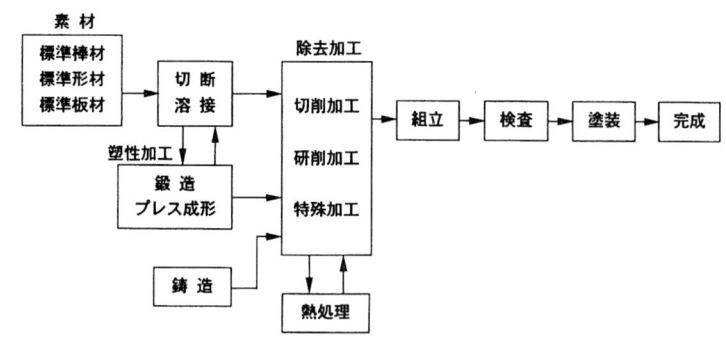

図 5.1 機械製作の流れ

溶接あるいは鍛造・プレス成形され，そのまま部品となることもあるが，通常は切削・研削などの除去加工が施され部品となる．あるいはその後，熱処理により機械的性質を調整して，再度除去加工が施されて部品となるものもある．また，鋳造による素材も，通常切削・研削加工の除去加工が施され部品となる．これらにより得られた部品は組み立てられ，検査・塗装を経て，機械として完成する．

5.2 鋳造

a. 概説

　溶融した金属を鋳型 (mold) の中に流しこんで凝固させ，目的とする形状の製品を成形する方法を鋳造 (casting) といい，その製品を鋳物という．複雑な形状をした製品も容易に作ることができるのが大きな利点である．

　鋳物の歴史は古く，5000年以上前から作られているとされている．わが国では約2000年前の銅鐸，銅矛，銅鏡などが発掘されている．従来は鍋，釜などの台所用品，水道やガスのバルブやコック，機械のベッドやフレームなど，あまり強度を必要としない製品に用いられてきた．しかし，最近は，鋳物材料や鋳造技術の進歩により，クランクシャフトやサスペンションなどの自動車部品を中心に強度部品にも次第に用いられるようになっている．

　鋳造に使用される金属材料は，鋳鉄，鋳鋼，銅合金，アルミニウム合金，マグネシウム合金，ニッケル合金，チタン合金，亜鉛合金などである．なかでも，鋳鉄が安価で鋳造性がよく，また被削性，耐振性，耐摩耗性にも優れているので，最も多く用いられている．ねずみ鋳鉄 (grey cast iron) はやや靭性に欠けるが，球状黒鉛鋳鉄 (spheroidal graphite cast iron) は鋳鋼に匹敵する靭性と強度をもっている．

　鋳型の種類としては，けい砂などの耐火物粒子と粘結剤を混練した鋳物砂を模型の周囲に充填して作る砂型と，金属に製品の形の空洞を彫りこんだ金型が主なものである．

b. 砂型鋳造

　砂型鋳造 (sand mold casting) の作業の系統図を図5.2に示す．
　砂型に必要な性質は，① 鋳型が作りやすく，模型の寸法・形状を正確に再現できること，② 溶湯の熱に耐えること，③ 溶湯の流入による熱衝撃，動圧，静圧に

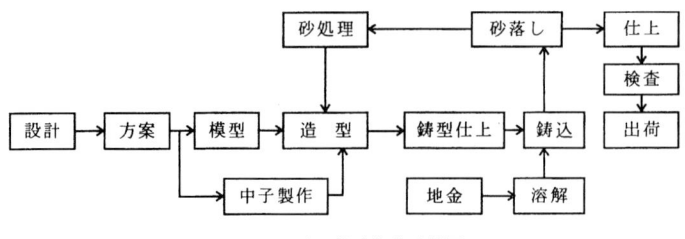

図 5.2 砂型鋳造作業系統図

耐えること，④通気性があること，⑤鋳造後，製品からの砂落しが容易なこと，⑥砂の再利用ができること，などである．

（1）**生型**（green sand mold）　生型鋳造法はけい砂に水と粘土や鋳物砂の性質を向上させるための添加剤を配合して混練した鋳物砂で作った鋳型を用いる鋳造法である．生型は基本的には上下または左右の2つの鋳型で構成される．管のように内側に空間をもつ鋳物の場合には，その空間の形をした中子（なかご）（core）が必要である．中子に対して外側の鋳型本体を主型（おもがた）と呼ぶ．中子は，図5.3中に示すように幅木（core print）によって主型に支持される．鋳型は模型から形を写し取って成形される．模型は基本的には製品の形をしているが，鋳型の分割面に合わせて分割されているほか，型抜きのため側面に勾配を与え，凝固収縮，凝固後の収縮を見込んだ縮み代，および機械加工を要する面には仕上げ代だけ大きくする．模型材料は木材，樹脂，金属などである．

図5.3に生型鋳造法の工程を示す．生型の造形機（molding machine）には，ジョルト式とスクイズ式およびジョルト・スクイズ式がある．ジョルト式は，模型定盤の上に置かれた鋳枠を繰り返しもち上げては落とし，衝撃を与えて鋳物砂を固める．底面はよく固まるが，上面はあまり固まらない．スクイズ式は，鋳枠上面に圧縮力を加えて固める．上面は固まるが底面は固まりにくい．ジョルト・スクイズ式は，両者を組み合わせて，それぞれの長所を活かす．

（2）**無機粘結剤鋳型**　水ガラス系の粘結剤が広く用いられており，中子としてもよく使用される．水ガラスはアルカリ性で，酸によって脱水し硬化する．酸として炭酸ガスを用いるのが CO_2 法（CO_2 process）である．

（3）**有機粘結剤鋳型**　熱硬化性樹脂を粘結剤として用いるものとして，フェノール樹脂をコーティングしたレジンコーテッドサンドを加熱硬化させるシ

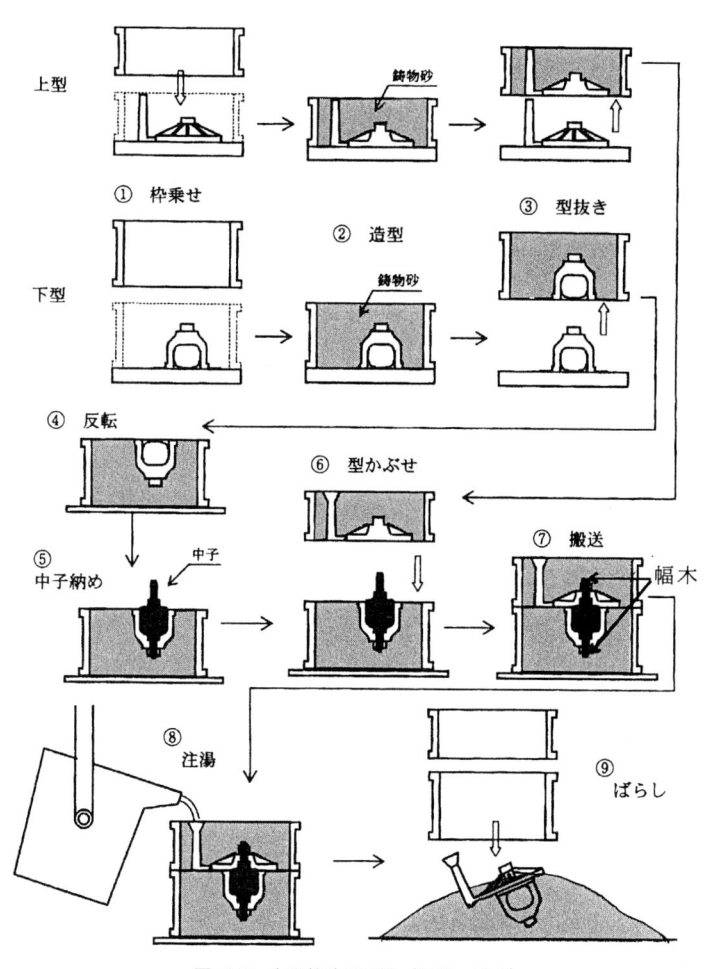

図 5.3 生型鋳造の工程（矢野, 1999）

ェルモールド法（shell mold process），樹脂に硬化剤を添加して砂と混練し，硬化前に造形して常温硬化させる自硬性鋳型がある．また，樹脂をコーティングした砂で造形し，ガス状の硬化剤を鋳型に吹き込み瞬時に硬化させるガス硬化型は，主に中子造形に用いられる．

（4）　Vプロセス（vacuum sealed molding process）　粘結剤を使用しない鋳造法である．熱可塑性プラスチックフィルムで模型を覆い，砂を充填した鋳枠上面も別のフィルムで覆って外から吸引して，フィルム面に加わる大気圧で

砂を固める．上型下型を合わせ，吸引しながら注湯する．凝固後，吸引を止めると砂はばらばらになり，鋳物が容易に取り出せる．水洗金具などに用いられる．

（5）フルモールド法（full mold process）　これも粘結剤を使用しない鋳造法である．発泡スチロールで作った模型を砂に埋めて鋳型とし，そのまま注湯すると，模型は気化し，溶融金属と置換される．

c．その他の鋳造法

（1）ろう型法（lost wax process）　金型に流し込んで成形したろう模型の表面を微粒子の耐火物と粘結剤を混合した泥しょうで覆い，それに粗粒耐火物をふりかけることを繰り返して殻を作り，それを乾燥硬化させた後加熱してろうを流しだし，残った殻を高温で焼成して鋳型を作る．耐食，耐熱，耐摩耗製品が主であるが，ゴルフのアイアンヘッドもこの方法で製作される．

（2）ダイカスト（die casting）　金属製鋳型の中に，溶融金属を高速高圧で射出する鋳造法である．アルミニウム合金，マグネシウム合金，亜鉛合金など低融点金属に適し，滑らかな表面と高寸法精度の製品が，高能率で生産できる．

（3）遠心鋳造（centrifugal casting）　高速で回転する円筒状の鋳型の中に溶融金属を流し込み，遠心力を利用して欠陥のない鋳物を製造する方法である．中子を用いないで，大径管やエンジンのシリンダライナなどが製造されている．

5.3　塑性加工

a．概説

外力を受ける固体材料が永久変形（塑性変形）する性質を利用して，固体材料に望みの形状と性質を与える加工法を塑性加工という．塑性加工は，金属塊を使用に便利な板，棒，線，管，形材などの素材に加工する圧延，押出し，引抜きなどと，素材を部品に加工する鍛造，転造，板成形，せん断などに分類される．

図5.4に材料の真応力-対数ひずみ線図を示す．降伏点Yより大きな応力を加えると材料は塑性変形する．たとえば，点Aまで負荷した後除荷すると，OBなる塑性ひずみが残る．Bの状態の材料に再負荷すると，Yに相当する応力では塑性変形せず，点Aに達して初めて塑性変形し始める．このように，塑性ひずみを与えることによって，塑性変形させるのに必要な応力（変形抵抗）（flow stress）

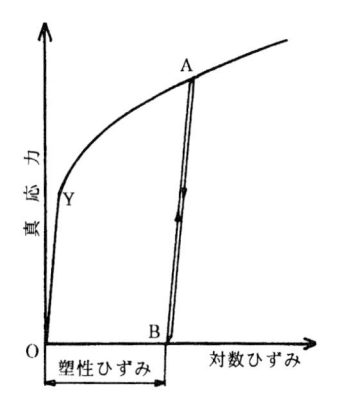

図 5.4 真応力-対数ひずみ線図

が増加する現象を加工硬化（work hardening）という．加工硬化した材料を再結晶温度以上に加熱すると，再結晶することによって加工硬化による変形抵抗の増加は解消される．そこで，再結晶温度以上での加工を熱間加工（hot working），それ以下の温度（実用的には室温）での加工を冷間加工（cold working）と呼んで区別する．熱間加工では材料は酸化されやすく，寸法精度も劣るが，低加工力で大変形が与えられる．さらに，熱間で大変形を与えることによって，強度や靱性を増すことができる．これを鍛練効果（forging effect）という．これに対し，冷間加工では表面仕上げや寸法精度が良く，加工硬化により強度も増すが，加工力が高いうえ，あまり大きな変形は与えられない．加工力を低減するために，再結晶以下の温度に加熱して加工する場合を温間加工（warm working）と呼んでいる．

b．圧　延

図5.5(a)に示すように，金属塊を回転する2つのロール間に通し圧力を加えて連続的に延ばし，板，形材，管などに加工する方法を圧延（rolling）という．厚板を圧延する厚板圧延，圧延機を直列に並べて連続板圧延する帯板圧延，孔型ロールを備えた多数の圧延機を並べた棒・形圧延，せん孔後素管を圧延し継目無管を作る管圧延などは熱間で行われる．寸法精度や表面品質が要求される薄板は，熱間圧延帯板の表面酸化膜を除去した後，冷間で圧延される．板の冷間圧延では，圧延速度は2000m/分にも達しており，長手方向・幅方向の板厚制御が行われる．

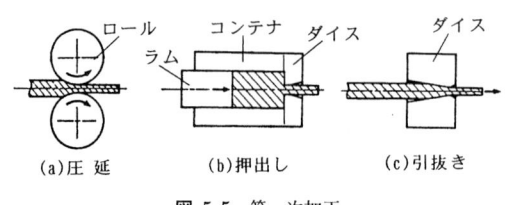

図 5.5 第一次加工

圧延では鋳造組織を破壊し，均一組織にするとともに，目的の強度，延性を与えることも目的の1つである．圧延後に，すず，亜鉛，クロムなどをめっきする表面処理鋼板も製造される．

c．押出し

図 5.5(b) に示すように，金属塊をコンテナに入れ，ラムによって加圧しダイスから押出して成形する方法を押出し (extrusion) といい，熱間で加工される．ダイスには製品形状の穴があけられている．棒，管，形材などを1工程で加工できる．生産性は高くないが，高い圧縮応力下での加工なので材料の変形能が増し，一度に大変形を与えることができ，複雑形状製品が容易に作れる．また，ぜい性材料も成形可能である．

d．引抜き

図 5.5(c) に示すように，棒状の金属をダイス穴に通し，断面を減少させる方法を引抜き (drawing) という．ダイスを通り抜けた材料を引っ張り，ダイス面に圧縮力を発生させる加工法であり，加工は主に冷間で行う．伸線 (wire drawing) と呼ばれる線の引抜きや，プラグや心金を用い管の内外面を仕上げる玉引き (plug drawing)，心金引き (rod drawing)，管の外面のみを仕上げる空引き (tube sinking) などの管の引抜きが代表的なものである．直径 $10\,\mu m$ の細線の加工も可能である．

e．鍛造

工具や型を用いて，金属塊の一部または全部を圧縮または打撃して，必要な形状と鍛練を与える方法を鍛造 (forging) といい，材料の変形が型によってどのように拘束されるかによって，自由鍛造，型鍛造，閉塞鍛造，回転鍛造などに分類

される.主として熱間で行われるが,冷間あるいは温間でも行われる.

（1） 自由鍛造（free forging）　1対の単純形状工具を用い,横方向の材料変形を拘束しない方法である.軸方向に圧縮するすえ込み（upsetting）,横方向に伸ばす展伸（swaging）などがある.今日では,鋳造鋼塊から,船舶用のクランク軸,発電機の大型ロータなどを製造するために主に用いられている.昔の鍛冶屋の作業の大部分も自由鍛造である.

（2） 型鍛造（die forging）　複数の型で作られる空洞内で金属塊を圧縮し,空洞を充満させることによって成形する方法である.図5.6に示すように,すえ込み変形主体の解放型鍛造,ばり形成による材料充満と余剰材料を逃がす半密閉型鍛造,ばりを発生させない密閉型鍛造,閉塞された型空洞に材料を入れ,パンチなどにより材料を押し出して空洞を充満させる閉塞鍛造がある.通常は数工程に分けて製品を作る.ボルト,ナット,歯車,小形のクランク軸など,各種形状の強度部品などが代表的な製品である.

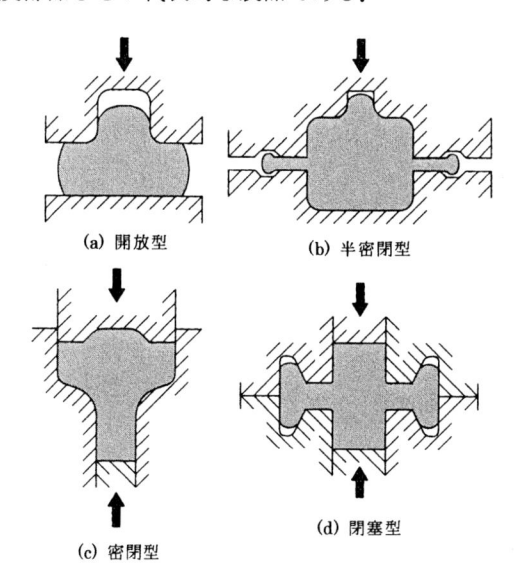

図5.6　型鍛造（濟木,1999）

（3） 回転鍛造および転造　工具を回転させ,材料を逐次加工して所要の形状に成形する方法を回転鍛造（rotary forging）という.くさび状突起をもつ1対のロールを同方向に回転させ,ロール間で丸棒を回転させながら軸方向に材

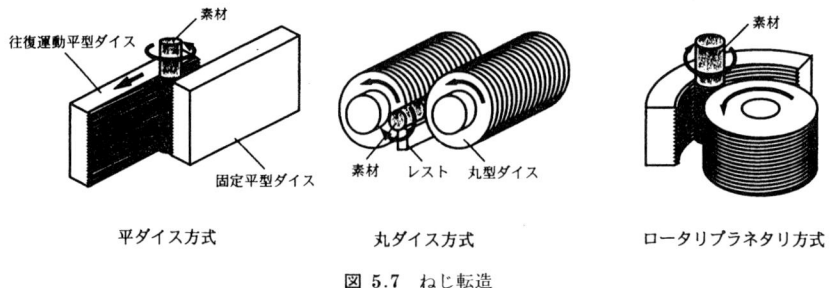

平ダイス方式　　　　丸ダイス方式　　　　ロータリプラネタリ方式

図 5.7　ねじ転造

料を流し,段付き軸を作るクロスローリング (cross rolling), 回転する丸棒を軸方向に送りこみ,半径方向から複数の工具で同時に繰り返し打ちつけ直径を減少させるロータリスエージング (rotary swaging) などがある.

　転造 (form rolling) の代表的なものとして,図5.7 に示すように,ねじ山と同じ形状の溝をもつ1対のダイスを,丸棒に押しつけながら回転させてねじを成形するねじ転造 (thread rolling) がある.汎用の小ねじ,ボルトの量産に用いられている.

f．板材成形加工

（1）　せん断加工 (shearing)　　1対の工具を用いて,材料を任意の形状に切断,分離する加工をせん断加工という (図5.8).直線切れ刃をもつ上下工具によるせん断 (狭義),閉曲線切れ刃をもつパンチとダイスによる打抜き (blanking) や穴あけ (punching),回転刃を用いて,コイル状の板を長手方向に切断するスリッティング (slitting) などが代表である.

（2）　曲げ加工 (bending)　　図5.9に示すように,プレス機械に固定ダイス

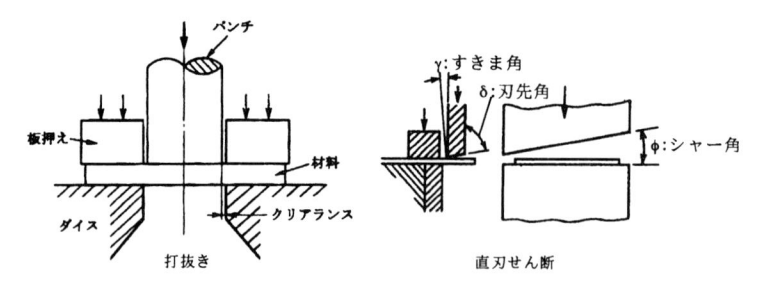

図 5.8　せん断加工

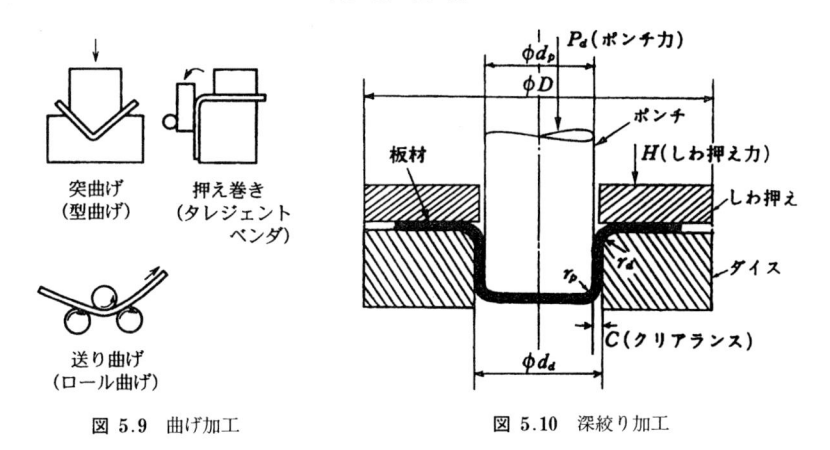

図 5.9　曲げ加工　　　　　　　　　図 5.10　深絞り加工

と移動パンチを取り付けて行う型曲げ (die bending)，固定工具の回りを移動する押え工具により，材料を固定工具の丸みに押しつける押え巻き (folding)，3本あるいは4本の曲げロールに材料を送りこみ一定の曲率に曲げるロール曲げ (roll bending) が代表である．また，直列に配置した多数の成形ロールに帯板を通し，板幅方向に順次曲げ加工して，薄肉の形材や管に成形する方法をロール成形 (roll forming) という．

（3）深絞り加工 (deep drawing)　　図5.10に示すように，平板をパンチによりダイス穴に押しこんで円筒，角筒などの底付き容器に加工する方法を深絞り加工という．フランジ部では円周方向の圧縮応力によりしわが発生しやすいので，しわ押えでそれを防止する．1回の深絞り加工で成形できる製品の深さには限界があるので，深い製品は数回の再絞り加工を行う．飲料缶の胴部のような薄肉の深い容器は，再絞り後，さらに管の心金引きと類似の，側壁肉厚を減少させるしごき加工 (ironing) を数回行う．

（4）スピニング (spinning)　　図5.11に示すように，円板を固定した成形型を回転させ，ロールで押しつけて型と同じ形状に成形する方法である．各種回転対称容器を製作できる．多品種少量生産に適し，大型製品も加工できる．容器の端部の外径を減少させる口絞り (necking)，また端部を丸めるカーリング (curling) や缶の胴とふたを巻き締めて結合するシーミング (seaming) などもある．

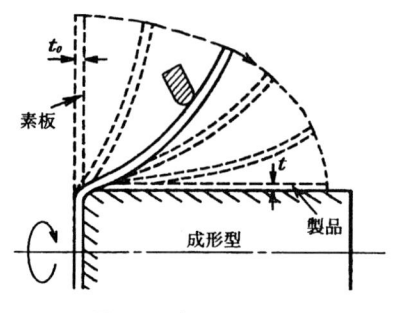

図 5.11 絞りスピニング

5.4 溶　　接

a．概　説

　船舶，車，橋梁，機械，建物などの構造物は，いろいろな部品を接合したり組立てたりして製作されている．接合や組立には，ボルト・ナット，ねじ，リベットなどによる機械的締結法，接着剤による方法のほか，強固な永久接合が可能な溶接が広く用いられる．溶接（welding）は，接合面にエネルギーを供給し，接合面を溶融，軟化あるいは加圧して材料を接合する方法である．エネルギー源としては，アーク，ガス，電気抵抗，化学反応熱，電子ビーム，プラズマアーク，レーザビームなどが用いられている．溶接法は，溶接時の接合面の状態により，融接，圧接およびろう付の3つに分類される．

b．融　接

　融接（fusion welding）は接合面を溶融し，凝固時の原子の結合力により接合する方法で，最も広く用いられている．用いる熱源により，各種溶接法がある．
　（1）アーク溶接（arc welding）　図5.12(a)に示すように，母材と電極を接触させ電気回路を構成して電流を流し，これを適当な間隔に引き離すと発生するアークの高熱を利用する方法であり，融接中で最も広く用いられている．電極に溶接棒を用い，その先端部を溶融しながら溶接部に供給する消耗電極式と，タングステンなどを電極とし，溶加材をアーク内に供給する非消耗電極式がある．電極溶接棒の回りにフラックスを塗布した被覆溶接棒を用いる方法を被覆アーク溶接（shielded metal arc welding）という．フラックスは，溶接

5.4 溶接

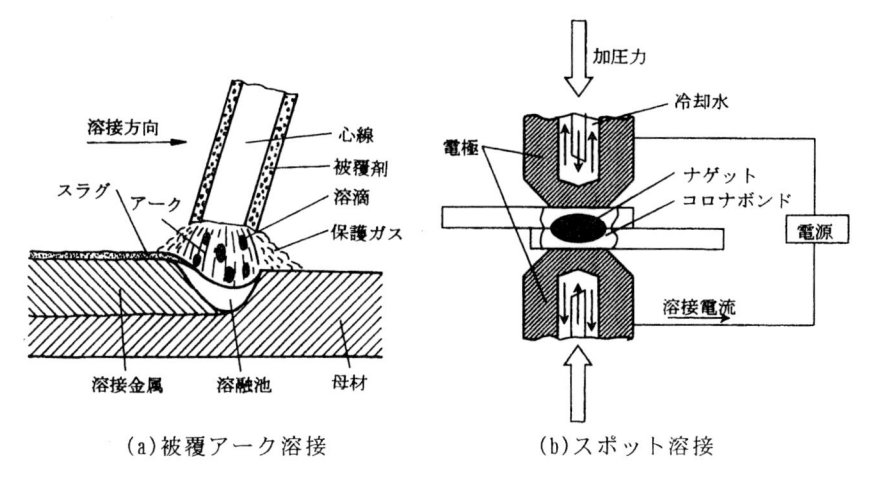

(a) 被覆アーク溶接（図中ラベル：溶接方向、心線、被覆剤、溶滴、保護ガス、スラグ、アーク、溶接金属、溶融池、母材）

(b) スポット溶接（図中ラベル：加圧力、冷却水、電極、ナゲット、コロナボンド、電源、溶接電流）

図 5.12 代表的な溶接法

時に溶融分解してガスを発生し，アークを外気から保護する．また，溶融したフラックスは溶融金属を覆って保護する．被覆溶接棒を用いる代わりに，裸の溶接ワイヤを用い，溶接部に粉末状フラックスを供給し，フラックス中でアークを発生させるサブマージドアーク溶接（sub-merged arc welding），溶接部を不活性ガスや炭酸ガスによって保護するガスシールドアーク溶接（gas shielded arc welding）などもある．

(2) その他の融接　熱源にレーザビームを用いるレーザ溶接（laser beam welding），プラズマアークを用いるプラズマアーク溶接（plasma arc welding），高真空中で電子ビームを用いる電子ビーム溶接（electron beam welding），ガス炎を用いるガス溶接（gas welding）などがある．

c. 圧 接

圧接（pressure welding）は接合面に熱と圧力を加え，塑性変形させて接触面積を広げ接合する方法である．

(1) 抵抗溶接（resistance welding）　接合する材料間に加圧しながら高電流を流し，材料の電気抵抗と接合面の接触抵抗によるジュール熱で加熱する方法である．図 5.12(b) に示すような，接合する 2 枚の薄板を重ねて電極ではさみ，抵抗溶接する方法をスポット溶接（spot welding）といい，自動車生産ラ

インなど溶接ロボットによる組立工程に広く利用されている．回転する円板状の電極に断続的に通電してスポット溶接を連続させ，気密性を要する薄板構造物を製作する方法をシーム溶接（seam welding）という．また，接合する2本の棒材の端面を互いに押しつけて通電し，接合面が適温に達したときにさらに大きな軸方向荷重を加えて接合する方法をアップセット溶接（upset welding）といい，小径の棒材の接合に用いる．

(2) その他の圧接　接合する2本の棒や管などの端面を突き合わせて加圧しながら相対的に回転させ，摩擦熱により加熱して圧接する摩擦圧接（friction welding），高周波電流を用い，誘導加熱あるいは直接通電による加熱を利用する高周波圧接（high frequency welding），火薬の爆発によって生ずる衝撃力を利用する爆発圧接（explosive welding）などのほか，接合面と平行に超音波振動を与えて，極薄板や極細線などを接合する超音波溶接（ultrasonic welding），平滑で清浄な接合面を接触させ，加熱・加圧保持し，原子を相互に拡散させて，高融点金属，焼結合金，複合材料などを接合する拡散溶接（diffusion welding）などがある．

d．ろ う 付

ろう付（soldering and brazing）は接合する母材間のすき間に，母材より低融点の金属（ろう）を溶融して供給し，溶融ろうと母材とのぬれ，凝固時の合金相形成により接合する方法である．融点が450℃以下のろうを用いるものを軟ろう付（soldering），それ以上のろうを用いるものを硬ろう付（brazing）という．軟ろうの代表的なものに，すずと鉛の合金であるはんだがあり，電気配線などに広く用いられている．硬ろうには，黄銅ろう，銅ろう，金ろう，銀ろう，ニッケルろう，アルミニウムろうなどがあり，強度が高く，耐摩耗，耐食性などももつ．

e．熱 切 断

(1) ガス切断（gas cutting）　図5.13に示すように，切断部をガス炎で鉄の燃焼温度以上に加熱した後，高圧の酸素を吹きつけると，鉄は酸化発熱反応して酸化鉄を生成し，酸化鉄は反応熱により溶融して高圧酸素で吹き飛ばされ切断される．酸化物の溶融温度が母材の溶融温度より低いことが必要で，炭素鋼や低合金鋼は切断できるが，ステンレス鋼やアルミニウム合金などは切断で

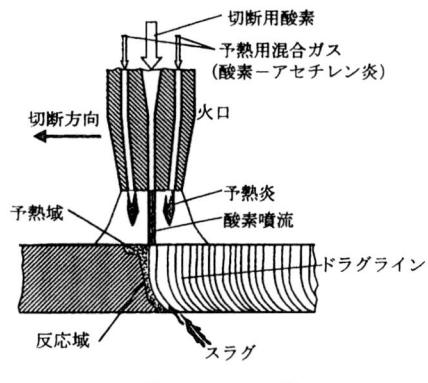

図 5.13 ガス切断

きない．
（2） その他の熱切断　プラズマアークを熱源に用いるプラズマ切断は，ガス切断に比べ切断速度が数倍高く，ステンレス鋼や軽合金も切断できる．また，レーザビームを熱源とするレーザ切断は，切断速度が高く，切断面の品質も良いため，薄板の精密切断に用いられ，各種金属やセラミックスに適用されている．

5.5 熱　処　理

熱処理（heat treatment）とは，金属を加熱冷却により内部組織や性質を調整する操作をいう．とくに鋼は，図 5.14 に示すように加熱冷却により変態するので，その性質を広範囲に変化させることができる．ここでは，鋼の代表的な熱処理について述べる．

（1） 焼なまし（annealing）　A_3 あるいは A_1 変態点より少し高い温度に加熱保持した後，炉中で徐冷する操作を完全焼なまし（full annealing）という．結晶粒の調整，軟化を目的とする．鋳造，溶接あるいは冷間加工により生じた内部応力の除去を目的とする応力除去焼なまし（stress relieving）では，再結晶温度より少し低い温度に加熱後徐冷する．

（2） 焼ならし（normalizing）　A_3 あるいは A_{CM} より少し高い温度に加熱して均一オーステナイト組織にした後，大気中で放冷する操作を焼ならしという．過熱組織，鋳造組織など粗大結晶組織を微細化し，内部応力を除去し，組織を標準化して機械的性質を改善することを目的とする．

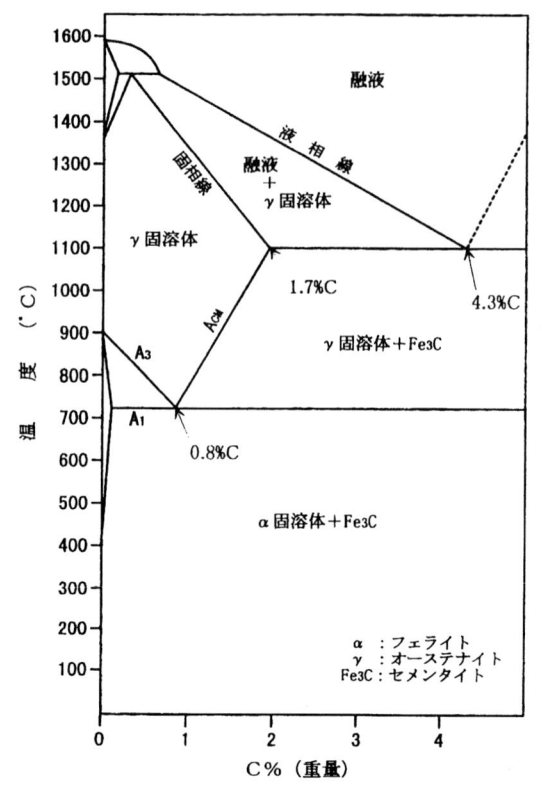

図 5.14 鉄-炭素平衡図

(3) 焼入れ (quenching)　A_3 あるいは A_1 変態点より少し高い温度に加熱保持した後急冷し，硬いマルテンサイト組織にする操作を焼入れという．

(4) 焼もどし (tempering)　鋼は焼入れたままでは，内部応力が大きく，もろいので，必ず焼もどしを行う．変態点以下の適当な温度に加熱して，硬さを減らして靱性を増す操作を焼もどしという．

5.6 切削加工

鋳造・鍛造・溶接などの加工により得られた素形材から最終的な機械部品にするには，要求される形状・寸法にしなければならない．このため，要求に合った精度の加工が求められる．切削加工 (cutting) は，工作物より硬い工具（刃物）を用いて素材から不要な部分を切りくずとして除去して，必要な形状・寸法の製

品を得る加工であり，研削加工とともに最も広く用いられる加工法である．切削や研削加工に用いられる機械を一般に工作機械と称している．

a．切削の基礎

（1）切りくずの生成

主な切れ刃が1か所ある工具をバイトという．図5.15は，直線の切れ刃がその運動方向に対して直角になっている場合の切削の様子を示したもので，2次元切削と呼ばれ，切削現象を説明するときの基本的なモデルを示している．

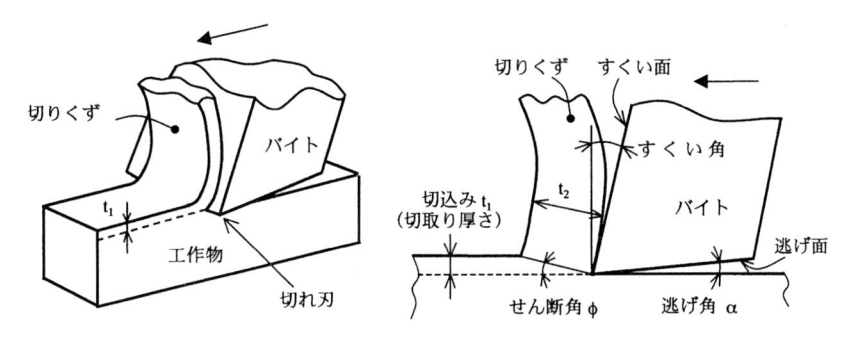

図 5.15 二次元切削

切りくずはバイトのすくい面上を擦過して排出される．また，仕上げ面側がバイトの逃げ面である．すくい面と逃げ面の交線が切れ刃であり，切込み（切取り厚さ）t_1 を干渉させて，工作物とバイトを相対的に運動させようとしたとき，干渉部分はすくい面で押しとどめられるが，ある限度以上の力が働くと，その前の材料はせん断変形して，切りくずとなりすくい面上を滑っていく．この変形が生じている領域は狭い部分に限られ，この面をせん断面といい，大きい塑性変形を起こしている（図5.16）．この変形が順次起こり連なったものが連続形切りくずで，

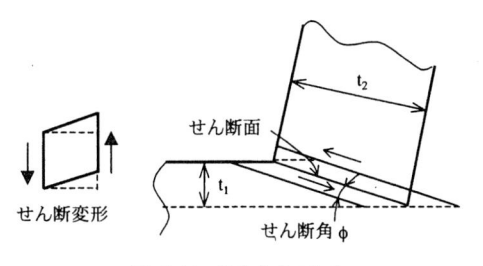

図 5.16 切りくずの生成

通常このような切削が行われると仕上げ面も良好である．材料・切削条件などによっては，切りくずが一様な連続形ではなく断片的になることもあり，切削力の変動が大きくなったり，仕上げ面の状態が悪くなることがある．

（2）　切削工具材料

通常，金属の切削に用いられる工具材料は，工作物より硬いことはもとより，高温においても硬さが低下せず，耐摩耗性が大きく，靭性が大きいことが要求される．鉄鋼材料の切削には，通常，高速度鋼および超硬合金が用いられる．高速度鋼は，タングステン（W），モリブデン（Mo），クロム（Cr），バナジウム（V），コバルト（Co）を含む合金鋼で，熱処理によって硬くする．超硬合金は，タングステン（W）やチタン（Ti）などの炭化物の硬い粉末にコバルト（Co）の粉末を結合剤として混合し高温で焼結したもので，高速度鋼より硬く，高速切削が可能であることから，現在切削工具材料として最も多く用いられている．

サーメットは，チタン（Ti）の炭化物を主成分として超硬合金と同じように焼結したもので，仕上げ切削に用いられる．このほか，セラミック，ダイヤモンドなどがある．セラミックはアルミナ（Al_2O_3）を主成分とし，耐熱性・耐摩耗性に優れているが，靭性が劣るため振動の少ない高速仕上げ切削に限られる．ダイヤモンドはアルミ合金などの超精密切削用工具として用いられる．

近年，高速度鋼や超硬合金の表面に薄い硬質膜の被覆をして耐摩耗性を向上させたコーティング工具が多く用いられるようになってきている．

（3）　工具損傷と工具寿命

切削を続けているうちにバイトの刃先は摩耗し，次第に切れ味を失うようになる．また，衝撃などにより刃先が欠けたり，高速切削時には切削熱のために刃先が軟化し，切削不能になる．バイトが摩耗すれば切削抵抗が急増し，仕上げ面は悪くなる．

新しく研ぎ直したバイトで切削を始めてから工具を再び研ぎ直す必要が起こるまでの切削時間を工具寿命といい，その寿命は研ぎ直しの経済性，切れ刃の破壊に対する安全性の点から決める．工具寿命は切削速度によって著しい影響を受け，また工具材料・工具形状・切削油剤の有無などにより工具寿命は変わってくる．

切削中，切りくず生成時の塑性変形や切削部の摩擦に費される仕事は大部分熱に変わり，その一部は外気に放出されるが，大部分は工具，工作物および切りくずに伝わって温度を高める．工具刃先の温度上昇は工具の寿命と密接に関係して

いる．

　工具と切りくず間の潤滑をよくして発生する熱を減らすとともに，発生した熱を取り去って，工具の温度上昇を抑えて工具寿命を長くするため，切削油剤が用いられる．切削油剤には，鉱油や脂肪油などのいわゆる油を用いた不水溶性切削油と水を主成分として鉱油や界面活性剤を含んだ水溶性切削油がある．前者は潤滑性に優れており，切削条件が比較的厳しい場合に用いられる．後者は冷却性に優れており，高速切削・研削に広く用いられるが，加工機械の耐腐食性や廃油処理に配慮する必要がある．近年，省資源・環境対策の面から，切削油を用いない乾式（ドライ）切削が試みられ，一部実用化されつつある．

b．旋　削

　工作物に回転切削運動を与え，バイトに送り運動を与えて，回転体形状の製品を切削する方法を旋削(turning)といい，その加工機械を旋盤という．図 5.17 は，普通旋盤を示しており，主軸の回転により工作物に切削運動（Ⅰ）を与える．工具の送り運動（Ⅱ）の方向によって種々の形状の製品を得ることができる．図 5.18 は，その代表的な加工方法を示している．工具を軸方向に送る外丸削りや軸に直角に送る正面削り（端面削り）は，軸など円筒形状の加工の最も基本的なものである．このほか，勾配削り（テーパ削り），中ぐり，ねじ切りなどの加工がある．工作物の支持方法として，両センタによる方法，取付軸（マンドレル，アーバ）を用いる方法，チャックによる方法などがあり，工作物の形状により決まる．

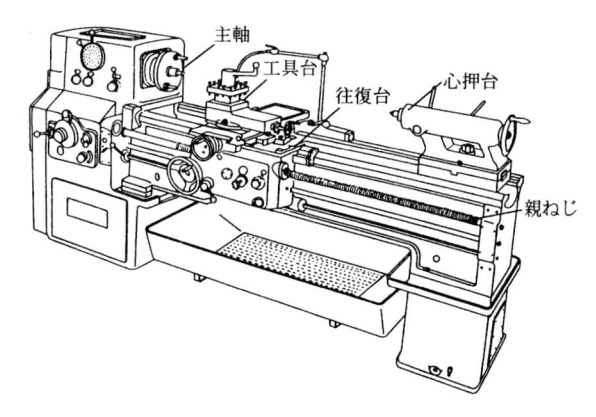

図 5.17　普通旋盤（JIS 0105-1993 付図 1 より）

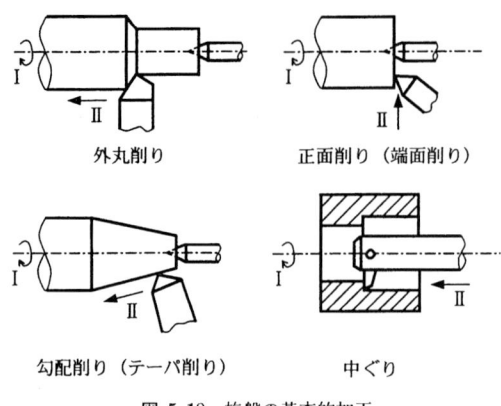

図 5.18 旋盤の基本的加工

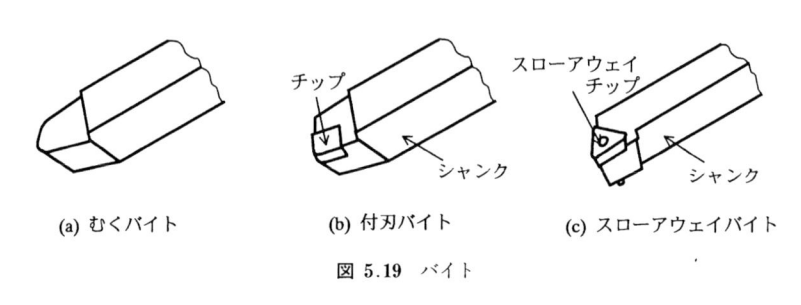

　　(a) むくバイト　　　　(b) 付刃バイト　　　(c) スローアウェイバイト

図 5.19 バイト

　バイトには，工作物の加工部位により種々の切れ刃の形状がある．図 5.19 は，代表的なバイトを示す．全体が高速度鋼からなるむくバイト，切れ刃部分のみを高速度鋼や超硬合金とした付刃バイト，四角や三角形状の超硬合金チップをシャンクに固定するスローアウェイバイトがある．スローアウェイバイトは，1か所が摩耗すれば多角形の他のコーナに変えて使うようになっている．

　主軸の回転速度，工具の交換，工具の送り速度などあらかじめ加工条件をプログラムに組んでおくことにより，自動加工ができるようになった数値制御旋盤（NC 旋盤，numerically controlled lathe）が，近年多く用いられるようになってきている．

c．穴あけ

　機械部品の加工の中で，穴あけ (drilling) は多くを占めている．穴あけには，ボール盤と呼ばれる加工機械の主軸にドリルを取り付けて，ドリルを軸方向に送

5.6 切削加工

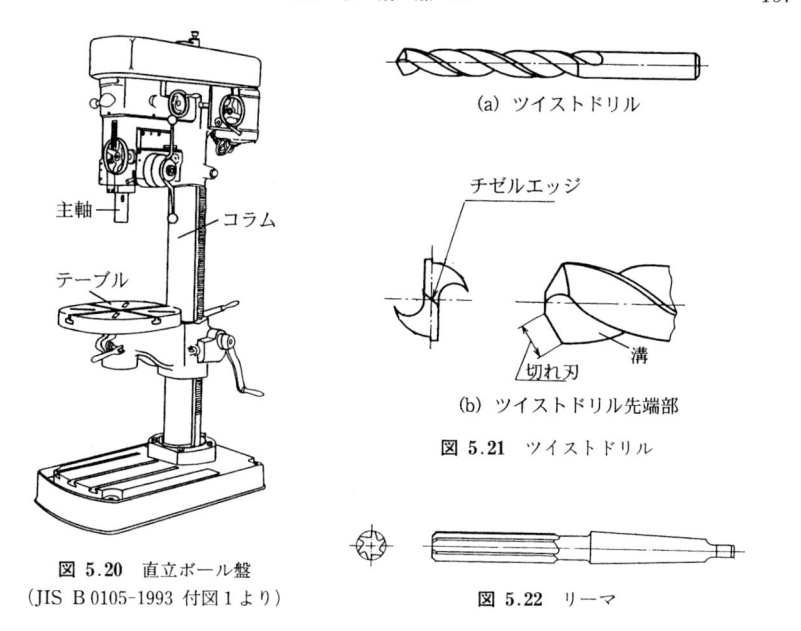

図 5.20 直立ボール盤
（JIS B 0105-1993 付図1より）

(a) ツイストドリル

(b) ツイストドリル先端部

図 5.21 ツイストドリル

図 5.22 リーマ

ることにより加工を行う．図5.20は，工作物をテーブル上において比較的小さい製品の穴あけに用いる直立ボール盤を示す．このほか，大形の製品の穴あけには主軸を載せた旋回アームをもったラジアルボール盤がある．

図5.21は，代表的なツイストドリル（ねじれぎり）を示す．通常先端角118°をなす2か所の切れ刃とねじれ溝からなり，切りくずはこの溝に沿って排出される．ドリルの性能は，切れ刃の冷却や切りくずの排出によって決まる．切りくずが詰まるとドリルの折損を起こすことがあり，ツイストドリルでは直径の3倍以上の穴をあける場合には注意を要する．このため，深い穴をあけるには，専用のドリルが開発されている．

ボール盤による作業では，むくの材料の穴あけのほかに，図5.22に示す数枚の切れ刃をもったリーマと呼ばれる工具を用いて，ドリルによりあけた穴の仕上げを行うリーマ仕上げや，タップを用いたねじ立てを行うことができる．

d．フライス加工

フライス加工（milling）におけるフライスは，円筒の外周あるいは端面に同じ形の多くの切れ刃をもっている回転工具である．各切れ刃は分担して少しずつ削

るため能率のよい加工が可能で，旋削とともに多用されている．

フライスの基本形状として，図5.23に示すように，円筒外周面に切れ刃がついた平フライスと主として円筒正面に切れ刃がついた正面フライスがあり，両者とも平面の切削に用いられる．また，これらのほかに，溝の切削を行う溝フライス，溝や3次元曲面の切削を行うエンドミルがある．

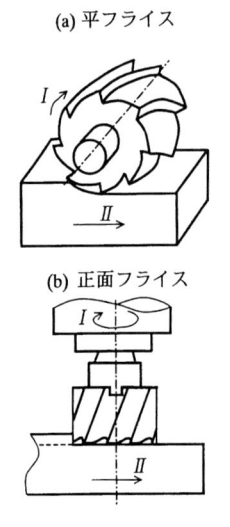

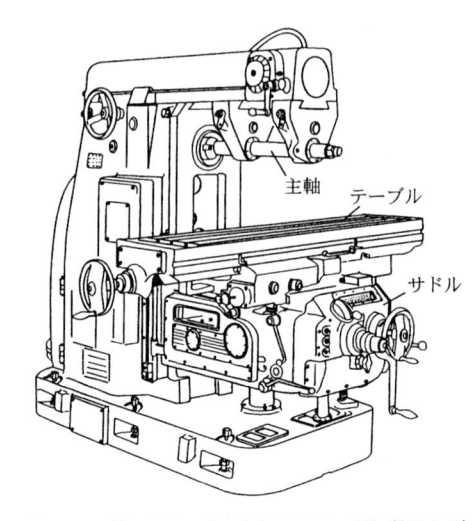

(a) 平フライス

(b) 正面フライス

図5.23 フライス削り　　図5.24 横フライス盤（JIS B 0105-1993 付図より）

フライス盤は，主軸が水平になった横フライス盤（図5.24），主軸が垂直になった立フライス盤がある．前者は平フライスや溝フライスを，後者は正面フライスやエンドミルを取り付けて加工を行う．

フライスの各切れ刃は1回転のうち一部のみ作用する断続切削であり，切れ刃の冷却期間があり，連続切削を行うバイトとは異なっている．また，切取り厚さが変化し，切りくずは毎回分断され，工具に働く力が変動するため，フライス盤の剛性が切削性能に影響することがある．

e．平削り，形削り，立削り

工作物に対するバイトの切削運動として直線運動の繰返しによって平面や溝を加工する方法に，平削り，形削り，立削りがある．図5.25は，平削りと形削りにおける切削運動（Ⅰ）と送り運動（Ⅱ）を示す．平削りは，大形部品を固定したテー

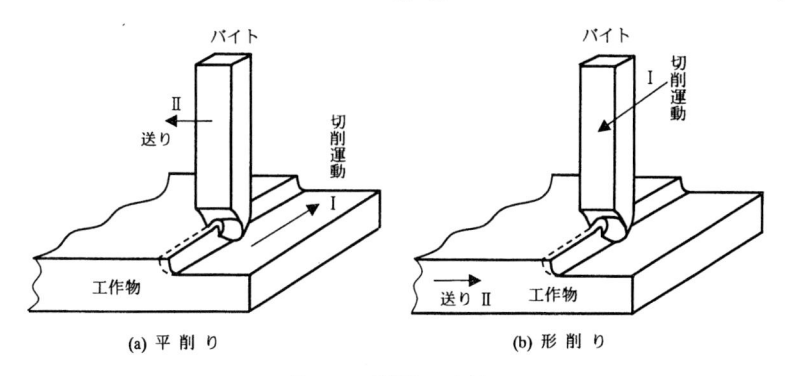

図 5.25 平削りと形削り

ブルを駆動することにより切削運動を与え，また，形削りは小物部品をバイスなどに固定し，バイトを動かすことにより切削運動を与える．立削りは，形削りの水平方向のバイトの運動を垂直に動かす機構にして削る方法で，穴のキー溝やスプライン穴などの加工を行う．

f．マシニングセンタ

フライス盤から発展したもので，自動工具交換装置（ATC）を備え，ドリルやフライスなどの回転工具を使用し，数値制御（NC, numerical control）により多種類の切削加工を行うようにした工作機械をマシニングセンタ（machining

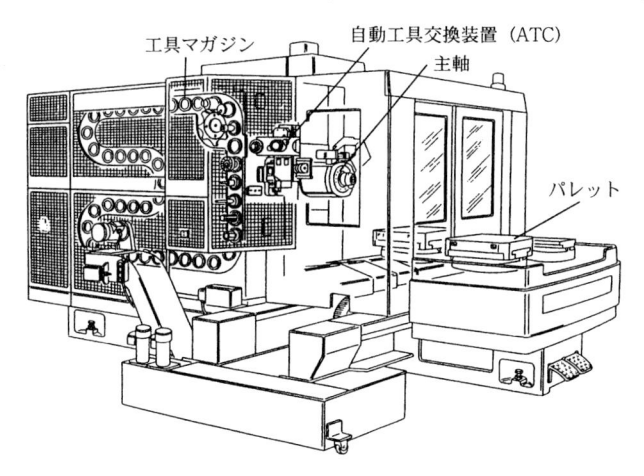

図 5.26 横形マシニングセンタ（JIS B 0105-1993 付図 46 より）

center)という．フライス盤と同じように，主軸が水平になった横形マシニングセンタ(図5.26)，主軸が垂直になった立形マシニングセンタがあり，製品の形状などにより使い分けられる．

　工具を多数保持しており，あらかじめプログラムを組むことにより，工作物の取付け換えなしに多種の加工を長時間無人運転で行うことができる．ベッドや金型など中・少量生産の自動化工作機械として，近年多く用いられている．さらに，工作物を取り付けるパレットを自動交換する装置（APC）を備えたものもある．

5.7 砥粒加工

　硬い砥粒を固めた砥石を高速回転させて工作物に押し当て不要な部分を除去する方法を研削加工，また，遊離した砥粒を加工液中などで工具を押し当て仕上げを行う方法を遊離砥粒加工という．いずれも砥粒の角が切れ刃として作用し，非常に細かい切りくずを排出する切削加工とみることができ，両者を合わせて砥粒加工（abrasive machining）と呼んでいる．

　焼入れ部品や工具など硬くて普通の工具では切削できないもの，拘束運動する部分の形状・寸法精度が高い部品，平面どうしあるいは軸と穴などの滑り面・合わせ面など滑らかな仕上げ面を要求される部品の加工に用いられる．

a．研削

　研削（grinding）は，図5.27に示すように，切れ刃が非常に多いフライス加工に類似しており，小さい切りくずを排出する．円筒・円盤・カップなどの形状をした砥石が高周速（通常の研削速度1500～2000m/min）で回転して，各砥粒が切削を行っている．

　図5.28は，研削の基本的な種類を示したもので，円筒の外周面を加工する円筒研削，穴の内面を加工する内面研削，砥石の円筒外周（平形砥石）あるいは砥石の端面（カップ形砥石）を用いて平面を加工する平面研削がある．

　現在使われている研削砥石はほとんど人工的に合成されたものである．砥石は硬い砥粒を結合剤により固めたもので，気孔を有することもある（図5.27）．

　砥石の性質を表す5つの因子として，砥粒の種類・粒度（砥粒の大きさ）・結合度（砥粒間の結合の強さ）・組織（砥粒の割合）・結合剤の種類があり，これらの組合せにより，工作物の材質・硬さや研削条件が決まる．

5.7 砥粒加工

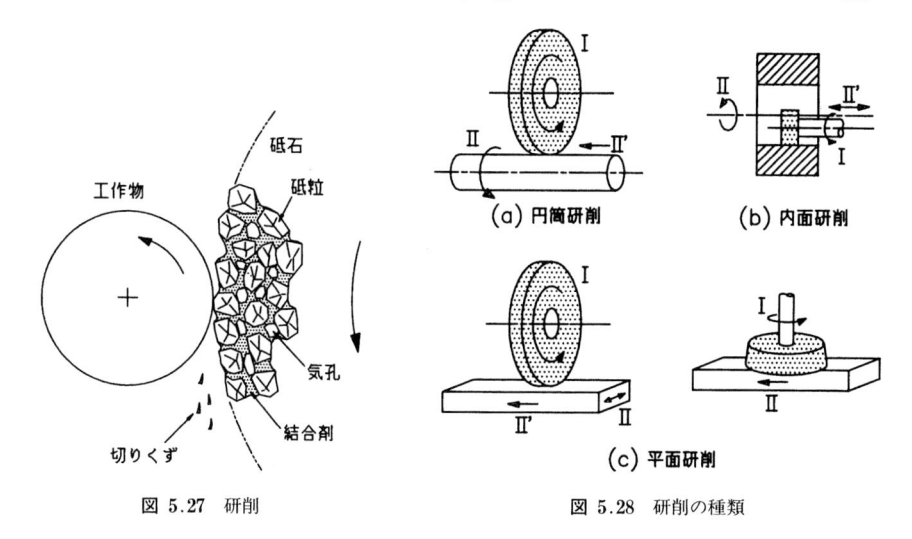

図 5.27 研削

図 5.28 研削の種類
(a) 円筒研削
(b) 内面研削
(c) 平面研削

砥粒の種類は，通常鉄鋼材料には，アルミナ系（A系，Al_2O_3）と炭化けい素系（C系，SiC）が多く用いられる．このほか，物質中最も硬いダイヤモンドは超硬合金などの硬い工具の研削に，また，ダイヤモンドに次ぐ硬さをもち人工的に合成された立方晶窒化ほう素（CBN）は高速度鋼の工具の研削に用いられている．

結合剤としては，一般に，粘土・長石などからなるビトリファイド結合剤，フェノール樹脂（ベークライト）を主体としたレジノイド結合剤が多く用いられている．前者は磁器質化しているため弾性変形が少なく精密研削に適しているが，衝撃に対して弱い．また，後者は衝撃には強いが，弾性変形しやすい．このほか，ダイヤモンドやCBNの結合剤として銅，黄銅，ニッケル，鉄なども使われる．

研削盤は上記の研削方法の種類に対応して，それぞれ円筒研削盤（図5.29(a)），平面研削盤（図5.29(b)），内面研削盤がある．このほか，ねじや歯車を研削する専用の研削盤もある．

砥石が切れ味を失うのは，切れ刃がすり減って丸味をもつ目つぶれ，または切れ刃の間に切りくずが詰まる目づまりが生じたときである．これらが起こると，研削抵抗が増えるとともに発熱量が増し，研削面の焼けや熱膨張による変形が生じる．これらを起こさないようにするには，砥粒が適当にへき開したり，脱落したりして常に新しい鋭い切れ刃稜が表面に現れる必要がある．この作用を自生作用（self sharpening）といい，この作用が有効に働くことが望ましい．自生作用

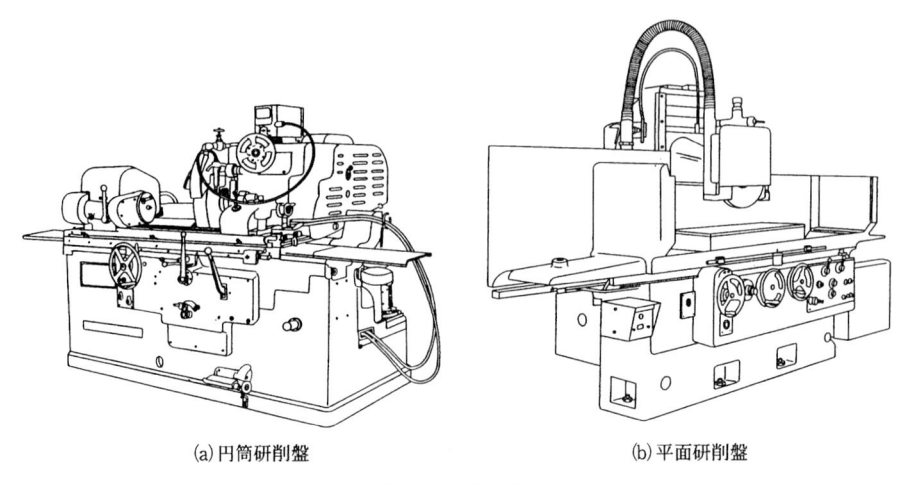

(a) 円筒研削盤   (b) 平面研削盤

図 5.29　研削盤

が期待されない場合には，切削工具の研ぎ直しに相当する砥石の形を修正する形直し（truing）や新しい鋭い切れ刃を出す目直し（dressing）の作業を行わなければならない．これらの作業はダイヤモンドドレッサなどにより砥石の表層を除去して行う．

　円筒やカップ状の砥石ではなく，棒状の砥石片を複数本円筒状に並べて，回転運動と軸方向往復運動を与えて仕上げを行う方法をホーニング（honing）という．図 5.30 は，ホーニングによりエンジンのシリンダブロック内面を仕上げている例

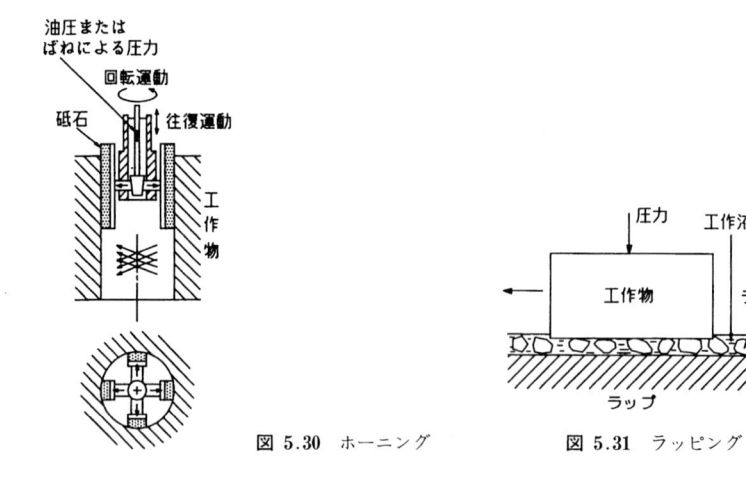

図 5.30　ホーニング　　　　図 5.31　ラッピング

である．ホーニングによる加工目が摺動面の摩耗を減らす潤滑上の良い効果をもたらしている．また，直方体砥石片を工作物に押し当て，砥石片に振動を与える超仕上げ（super finish）も精密仕上げを行うことができる．

b．遊離砥粒加工

遊離砥粒加工の代表的なものとして，ラッピング（lapping）がある．ラッピングは，図5.31に示すように，平面板（ラップ）と工作物の間に砥粒をはさみ，力を加えて相対運動をさせて工作物の表面を精密に仕上げる方法である．ブロックゲージの測定面や半導体基板表面の仕上げ，記憶装置用ディスクや光学部品の鏡面仕上げに用いられている．

5.8 特　殊　加　工

切削や研削などの除去加工とは異なり，化学的あるいは物理的エネルギーによる溶融・破壊現象を利用したものに特殊加工がある．従来の加工では困難な材料の加工，金型などの複雑な形状の加工に用いられる．

これらの加工法には，電解液中の工作物に電流を流し表面の一部を除去する電解加工（elctro-chemical machining, ECM），酸の溶液に浸すことにより表面の凸部を溶融・除去して滑らかにする化学研磨（chemical polishing），工具に超音波振動を付加した超音波加工（ultrasonic machining），アーク放電を利用した放電加工（electro-discharge machining, EDM），電子線あるいはレーザ光を集中して照射して材料を溶融して加工を行うビーム加工（電子ビーム加工（electron beam machining）やレーザビーム加工（laser beam processing））などがある．それらの代表的なものについて以下に説明する．

a．放　電　加　工

絶縁液中で工具と工作物の間にパルス電圧を与え，断続的なアーク放電を起こさせて材料の一部を溶融・除去する加工法である．サーボ機構により工具と工作物のすき間を一定に保ち，工作物と逆形状の電極を用いて，その形状を転写させ複雑な金型や航空機部品などの加工に用いられる（図5.32）．また，ワイヤ電極を用い，数値制御（NC）により工作物を送って2次元形状を得るワイヤカット放電加工（図5.33）も多く用いられている．導電材料であればその硬さに関係なく加

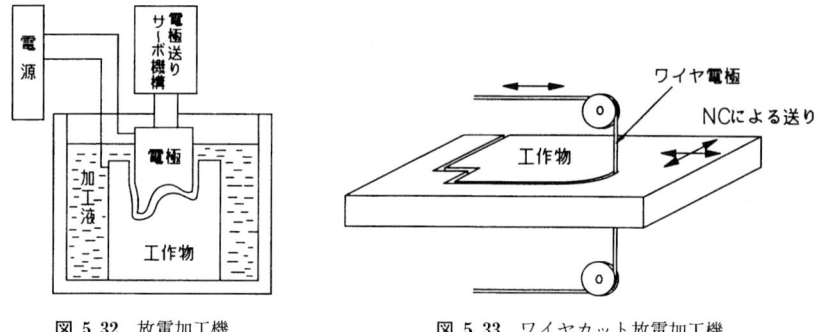

図 5.32 放電加工機

図 5.33 ワイヤカット放電加工機

工が可能である．

b．電子ビーム加工

高真空中で収束させた電子線を工作物に照射して，そのエネルギーを利用して微細穴あけ・微細溶接・切断を行う（図 5.34）．高硬度材料や金属以外の加工が可能である．

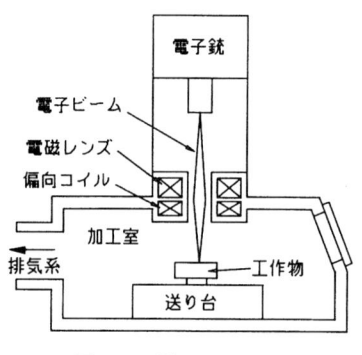

図 5.34 電子ビーム加工

c．レーザビーム加工

小さく絞って高密度のレーザ光を工作物に照射することにより，材料を溶融させ，切断・穴あけ・接合を行う加工である．レーザとしては，炭酸ガスレーザ，YAG レーザが使われる．微小部分の加工に適している．金属はもちろん，ガラスやセラミックスなどの金属以外にも用いられる．

5.9 精密測定

　加工が完成したのち，製品が製作図に示された形状・寸法通りになっているかどうか測定や検査が必要となる．加工における測定の対象として，寸法・角度・形状・仕上げ面粗さなどがあり，いずれも「長さ」の測定が基本となっている．

　通常，加工に用いられる長さ測定器具として，目盛尺，ブロックゲージ (gauge blocks)，ノギス (vernier calliper)，マイクロメータ (micrometer)，ダイヤルゲージ (dial gauge) などがある．これらは被測定物に直接当てて目盛を読んで測定するものであり，とくにノギス，マイクロメータ，ダイヤルゲージはその読みを拡大するために，目盛や機構に工夫がなされている．機械的な機構としては，ねじ，歯車，てこなどが用いられている．この他，電気容量・磁気・電圧変化を利用した電気的方法，流体の流出抵抗を利用した流体的方法があり，さらに高精度測定のため，光の干渉を利用した光学的方法がある．精密測定 (precision measurement) にあたっては，測定物や周囲の温度，測定力や自重による弾性変形などが測定精度に及ぼす影響についても考慮しなければならない．

　以下に，一般の加工に必要な基本的な長さ測定機器について述べる．

a．ブロックゲージ

　直方体ブロックの6面のうち2面が測定面として高精度にラッピング仕上げされ，その平行2面間の厚さが所要の寸法に作られている(図 5.35)．寸法の異なる多数のブロックが1つのセットとなっており，そのいくつかを組み合わせて必要な寸法にして測定に用いる．

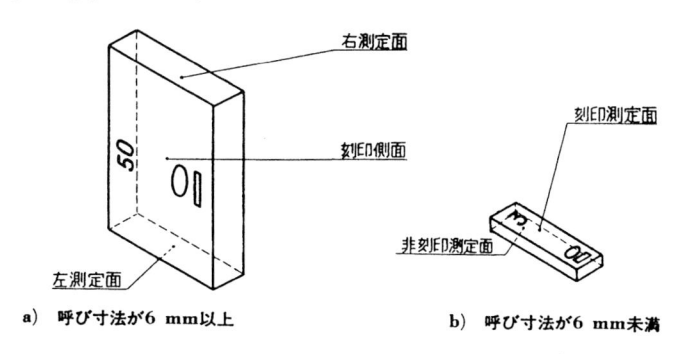

図 5.35　ブロックゲージ (JIS B 706-1997 図 5 より)

a) 呼び寸法が 6 mm 以上　　b) 呼び寸法が 6 mm 未満

b. ノギス

外側用ジョウの部分で工作物の外側を，あるいは内側用ジョウで内径など内側をはさむことにより寸法を測定する（図5.36）．本尺と副尺（バーニヤ）の目盛により読みとるようになっている．最小読取り値は，0.02mm，0.05mm，0.1mmが使われている．最近，ダイヤルやデジタル表示を行うものも使われている．

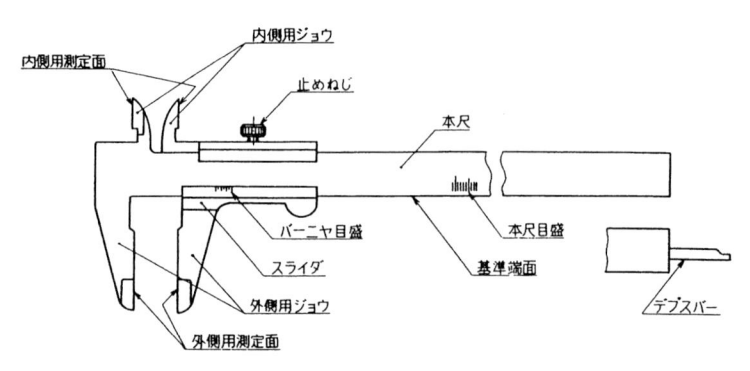

図 5.36　M形ノギス（JIS B 7507-1993 図1より）

c. マイクロメータ

高精度に作られたねじの回転とその軸方向の動きの関係を利用した測定器である．アンビルとスピンドルの平行測定面の間に被測定物をはさみ，シンブルを回転させて両測定面間の距離を読みとるようになっている．外側マイクロメータ（図5.37）のほか，内径測定用の内側マイクロメータもある．通常，スピンドルのねじピッチを0.5mmとし，シンブルの外周が50等分された目盛による最小目盛0.01mmのものが多く使われている．取扱いが簡単で比較的精度の高い長さの測

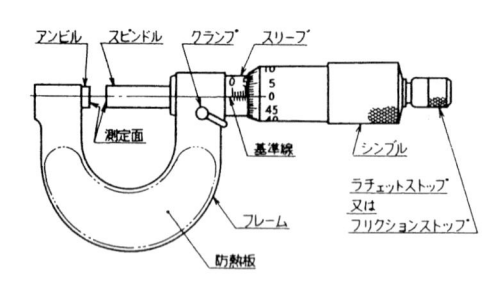

図 5.37　外側マイクロメータ（JIS B 7502-1994 図1より）

定が可能である．最近，デジタル表示を行うものも使われている．

d. ダイヤルゲージ

測定子が付いたスピンドルの動きをラックと歯車により拡大し，回転する指針と目盛板により指示するものである(図5.38)．最小目盛は 0.01 mm，0.002 mm，0.001 mm のものがある．スピンドル部分がてこ式になったてこ式ダイヤルゲージも使われる．

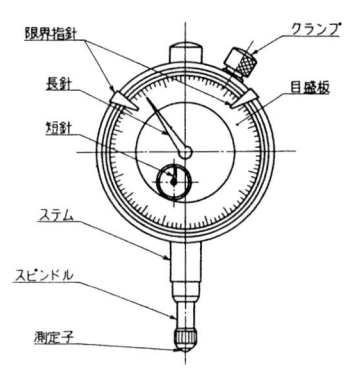

図 5.38　ダイヤルゲージ (JIS B 7503-1997 図1より)

e. 光学的測定

より高精度の測定には，光波干渉を利用した光学的方法が用いられる．可視光線の干渉じまを利用したオプチカルフラットによる平面や表面粗さの測定，特定の波長のレーザ光を用いた干渉計による高精度の長さ測定が行われる．

演習問題

5.1　砂型に要求される性質について述べよ．
5.2　熱間加工と冷間加工の区別および各々の特徴を述べよ．
5.3　他の接合法と比べて，溶接法がもつ利点について述べよ．
5.4　切削においてどのように切りくずが生成するか述べよ．
5.5　切削工具に要求される性質をあげよ．また，代表的な切削工具材料をあげ，その製法を述べよ．

5.6 切削における工具寿命について説明せよ．
5.7 代表的な切削加工方法をあげ，説明せよ．
5.8 研削砥石の性質を表す因子をあげ，説明せよ．
5.9 機械加工に用いられる測定器具をあげ，その機構を説明せよ．

6. 流体力学

　流体 (fluid) とは気体 (gas) と液体 (liquid) とを総称した呼び名であり，流れているかどうかは関係ない．気体としては空気，液体としては水がその代表的な例である．読者諸君は日常以下のように流体に深く関わっている．冬6時頃起床するとまだ暗いので電気をつける．(電気はどのようにして作られるのだろう)．顔を洗うために水道の蛇口をひねると水が出てくるし，牛乳やお茶を加熱するときにはガスが出てくる．(水やガスはどのようにして各家庭に送られ，栓のひねり方を変えるとなぜ流出する量が変わるのだろう)．今日もまた雨だ．窓ガラスに付いた雨水がゆっくり流れ下っているが，小川のせせらぎの流れに比べるといやに粘っこい感じがする．(この差は一体何だろうか)．新聞によればこの長雨で橋が流されたようだ．(川の流れにどうしてそんなすごい力があるのか)．
　授業中に飛行機が轟音を轟かせて通過していく．(あんなに重いものがなぜ空中に浮くのか，なぜあんなに速いスピードで飛べるのか．そういえば庭に水をまくとき，ホースの出口を狭めると水は勢いよく遠くまで飛ぶが，テレビで見る人工衛星打上げ用ロケットのノズルは出口に向かって広がっている．噴出するガスの速度は遅くなりはしないだろうか．速い方がよいのか遅い方がよいのか)．教室は暖房が効いて快く眠気を誘う．暖房機から騒音を唸らせて暖気が吹き出ているからだ．(しかし何がこの気流を作っているのか．気流の方向は出口の薄っぺらな板で変えられるが，よくこんなもので変わるものだ)．大学からの帰宅時は雨に加えて風も強くなって歩きにくい．しかし傘をたたむとそうでもない．風から受ける力は形で変わるらしい．(でもなぜか)．自宅に着くとちょうど水道水の使用量を調査に来ていた．(どんな仕掛けで今までの使用量がわかるのだろう)．

今日は米を研いで御飯を炊いておくように言われた。炊飯器に米と水を入れて、グルグル回しながら米を洗っていてふと気が付くと、水面が炊飯器の中央部が凹んでおり、米の動きを見ると周辺部では流れが速く中央部では遅い。(水平面という表現をするが、回転する場合の水面の形は違うのか)。

以上は学生の一日のうちの数時間の間に普通に経験するほんの数例を述べたものであるが、カッコ中の現象や疑問はすべて流体の性質で説明することができる。読者諸君はどうだろうか。本章ではこれらの流体現象の理解に役立つ、基礎的な知識について述べる。

6.1 流体の基本的性質

a. 流体と固体の違い

「水は方円の器に従う」という。またビニール袋に入った空気は、その袋をどのように変形しても、袋の隅々まで行きわたる。このように流体はゆっくり変形させるのであれば、ほとんど力を加えなくてもどのようにも変形する。一方固体は簡単には形を変えない。変えてもその弾性変形量は変形させる力に比例し、変形を保つためには力をかけ続けなければならない。また力を除けば元の形に戻る。このような固体の性質はばね秤などから経験済みであろう。以上が流体と固体(solid)の現象上の違いである。

〔例題 6.1〕 流体を変形させる力は必要か。

〔解〕 必要である。窓ガラスに付いた水膜にもし特別な力が作用していないならば、水膜は水道の蛇口からしたたる水滴が加速しながら自由落下するのと同じ運動をするはずである。実際にはほとんど一定の速度でゆっくりと下降する。これは重力に対抗する上向きの力がガラスの表面を介して水膜の流れに働いており、水の層内でも互いに力を及ぼし合っていることを意味する。このように流体の変形である流れを起こさせるには、必ず流体面(流体層内の仮想的な面)を介した力が必要である。このような流体面間に生じる力は流体粒子の運動量交換に起因する。想定した面にかかる力のうち、面に接線方向の単位面積当たりの力をせん断応力(shear stress)[N/m^2 あるいは Pa]という。

〔例題 6.2〕 静止した池に浮かべた板を水面に沿って動かすとき、素早く動かせば大きな力が必要であり、ゆっくり動かす場合には小さい力ですむ。このとき板によって誘起される板の下方の水の運動とそれに必要な力を推測せよ。

〔解〕 液体でも気体でも、固体面に接している流体層の速度は、必ず固体面の速度と同じである。このような固体面との境界における流体の本来あるべき状態を境界条件

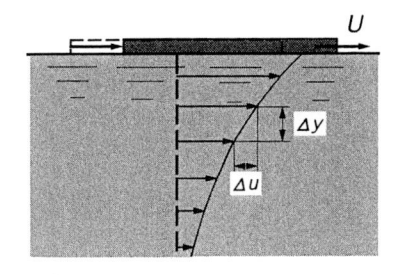

図 6.1 流体内部で誘起される流れ

(boundary condition) という．この境界条件により，板の下面に接している水は板と同じ速度で移動する．その運動は例題 6.1 と同様にしてさらに下側の水の層へ順に伝わる．このようにして，板の下では図 6.1 の矢印で示すように，板から遠くなるほど速度が遅くなるという水の運動が生じる．また同じ速度で板を動かす場合でも，水の層が浅いほど単位厚さ当たりの水の層の速度差が大きいので，水粒子間の運動量交換も大きい必要がある．このことから水を動かす力が単位深さ当たりの速度差に依存すると考えられる．

以上の例題から，変形する固体あるいは流動する流体に作用するせん断応力 τ [N/m² または Pa] は，単位長さ当たりの変形量を dx/dy とすれば，

$$\text{固体の場合：} \tau \propto dx/dy \tag{6.1}$$

流体の場合には，次式のようにその単位時間の変形量に比例する．

$$\text{流体の場合：} \tau \propto (dx/dt)/dy = du/dy \tag{6.2}$$

b．流体の粘性

ガラス面を流れ下る水膜に見られるような流体のねばい性質である粘性 (viscosity) は，流体粒子の相互作用によって生じ，気体と液体のいかんを問わず実在する流体には必ず存在する．その値は粘性係数 (coefficient of viscosity) と呼ばれ，一般に μ [Pa·s] を用いて表し，温度が一定であればほぼ一定値をとる．機械工学で取り扱う水や多くの気体に対して，式 (6.2) は μ を用いて次のように表される．

$$\text{流体の場合：} \tau = \mu du/dy \tag{6.3}$$

この関係が成り立つ流体をニュートン流体 (Newtonian fluid) という．本書ではニュートン流体を対象とするが，幸い我々の周辺に多く存在する空気も水もニュートン流体である．

流体に粘性があることによって,静止した固体面の近傍で速度が遅くなる.すなわち,固体面に沿って境界層(boundary layer)と呼ばれる運動エネルギーの低い流体が集積した層が形成され,このことが流れの複雑さを増したり,飛行機の墜落などのトラブルをひき起こす原因ともなる.このように,μ は流体の重要な性質,物性値である.粘性係数の代わりに,次式で定義される(運)動粘性係数 ν [m²/s] も広く用いられる.

$$\mu = \rho \nu \tag{6.4}$$

ここで,ρ は流体の密度(dencity)[kg/m³] である.表 6.1(a) と (b) に参考として空気と水の密度 ρ,粘性係数 μ および動粘性係数 ν をまとめておく.

表 6.1(a)　水の物性値

(標準状態：101.3 kPa)

温度 [℃]	密度 [kg/m³]	粘性係数 μ [N·s/m²]	動粘度 ν [m²/s]
0	999.8	1.792×10^{-3}	1.792×10^{-6}
5	1000.0	1.520	1.520
10	999.7	1.307	1.307
20	998.2	1.002	1.004
40	992.2	0.653	0.658
60	983.2	0.467	0.475
80	971.8	0.355	0.365
100	965.3	0.282	0.295

表 6.1(b)　空気の物性値

(標準状態：101.3 kPa)

温度 [℃]	密度 [kg/m³]	粘性係数 μ [N·s/m²]	動粘度 ν [m²/s]
0	1.293	1.710×10^{-5}	13.22×10^{-6}
10	1.247	1.760	14.10
20	1.205	1.809	15.01
30	1.165	1.857	15.94
40	1.127	1.904	16.89
50	1.093	1.951	17.86

6.2　静止流体の力学

a．圧力の定義

流体内に非常に狭い面積 A の流体面を想定し,その面に角度 α をなす力 F [N] が面の全体に一様に作用しているとする.図 6.2 では,F の単位面積当たりの力である応力を f [N/m²] とし,f を面に平行な成分であるせん断応力 τ と垂

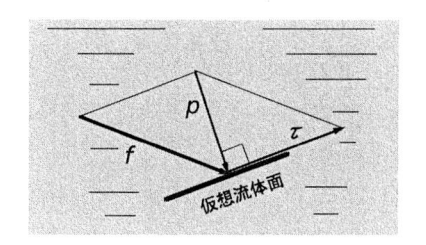

図 6.2 圧力とせん断応力の定義

直な成分 p とに分解して示している．この面に垂直な応力 p を圧力（pressure）といい，パスカル［Pa］または［kg/m·s²］の単位を有している．

今考えているような静止した流体中では式 (6.3) で $u=0$ であるから，$\tau=0$ となり，面に働く応力はその面に垂直に働く圧力 p だけが残る．

$$p = F/A \tag{6.5}$$

なお，「流体内の一点に働く圧力はあらゆる方向に同じ大きさである」ことは，力の平衡式から証明される．

b．重力場での圧力

高い山では地上より気圧（大気の圧力）が低い．これは低地ではその高さの差の分だけの空気の重さが加わるからである．これを以下に一般的な形で示そう．図 6.3 に示すような，密度 ρ の流体中に水平と鉛直方向にとった x と z の座標軸に平行な辺をもち，上・下面の面積がいずれも A，高さが h である流体の仮想的な柱状部分を考える．

まず z 軸方向の力のバランスを考える．上面と下面の圧力をそれぞれ p_1 と p_2 で表すと，この仮想体にかかる力のうち z の正の向きの力は，下面の圧力 p_2 によ

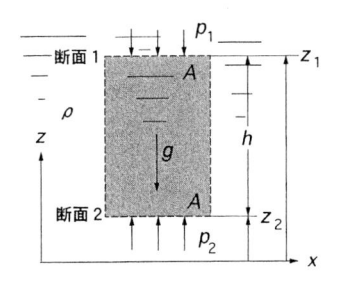

図 6.3 仮想流体部分に働く力のつり合い

る力 Ap_2 であり,負の向きの力は Ap_1 と仮想体の重量 $\rho(Ah)g$ である.これらがつり合っている(仮想体が運動を始めない)ので,次式が成り立つ.ここで g は重力の加速度 (acceleration of gravity) $[\mathrm{m/s^2}]$ である.

$$Ap_2 - Ap_1 - \rho(Ah)g = 0 \tag{6.6}$$

したがって,次式のように h だけ下方の点の圧力は ρgh だけ大きくなる.

$$p_2 = p_1 + \rho gh \tag{6.7}$$

ある基準面からの面1と面2の高さをそれぞれ z_1 と z_2 とすれば,$h = z_1 - z_2$ が成り立つので,これを式 (6.7) に代入して次式を得る.

$$p_2 + \rho g z_2 = p_1 + \rho g z_1 \tag{6.8}$$

この式は,連続した同じ静止流体の中では任意の点の圧力 p と ρgz との和はどの点においても同じ大きさを有していることを意味する.

〔例題 6.3〕 連続した液体が2本の液柱を形成するときその高さの差から圧力を測定するものをマノメータ (manometer) という.図 6.4 に示すように,管路を密度 ρ_f の流体が流れている.そのある断面の点1の圧力を測定するのに密度 $\rho_m (>\rho_f)$ の液体の入ったマノメータを用いた.その液柱の高さの差は h であった.点1の圧力はいくらか.

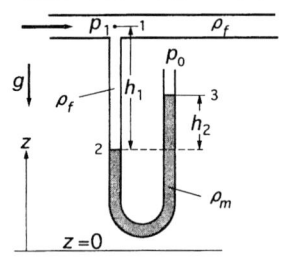

図 6.4 マノメータ

〔解〕 精度よく測定するためには,管路に続く側のマノメータ内は管路を流れる流体で満たされなければならない.また,もう一方の側のマノメータ内は圧力 p_0 の大気で満たされている.マノメータ内の,密度 ρ_f と ρ_m の異なる2種類の流体が入っている部分にそれぞれ式 (6.8) を適用すれば,以下の式を得る.

断面1と2の間で:$p_1 + \rho_f g z_1 = p_2 + \rho_f g z_2$ ①

断面2と3の間で:$p_2 + \rho_m g z_2 = p_3 + \rho_m g z_3$ ②

辺々相加えて,$p_3 = p_0$ であることを考慮すると,p_1 は次式となる.

$$p_1 - p_0 = \rho_m g(z_3 - z_2) + \rho_f g(z_2 - z_1) = \rho_m g h_2 + \rho_f g h_1 \tag{③}$$

h_1 と h_2 を測定すれば p_1 が定まる.

なお図 6.5 に示すように，絶対圧（absolute pressure）p を大気圧からの差 $p-p_0$ として表すことがある．これをゲージ圧（gauge pressure）といい，機械工学ではよく用いられる重要な概念である．

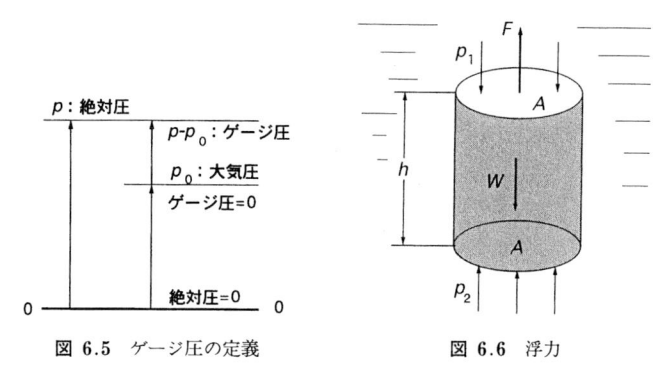

図 6.5 ゲージ圧の定義　　図 6.6 浮力

〔例題 6.4〕 浮力（buoyancy force）．図 6.6 に示すように，水より重たい固体の円柱（重量 W）を密度 ρ の液体の中に糸でつるす．糸にかかる力 F はいくらか．

〔解〕 図 6.3 の場合と同様に円柱に作用している鉛直方向の力の平衡式を求める．y 軸の正の向きの力は Ap_2 と F であり，負の向きの力は Ap_1 と W である．これらがバランスしているから，これらを等しいとおいた式から次式を得る．

$$F = W - (p_2 - p_1)A \qquad ①$$

この式に式 (6.6) を代入し，Ah が固体物体の体積 V であることを考慮すれば，

$$F = W - \rho g(z_2 - z_1)A = W - \rho g V \qquad ②$$

この式は，物体をつるす力 F が物体の体積 V に等しい量の流体の重さだけ軽くなることを示す．この軽くなる量を浮力という．以上のことから浮力は，非一様な圧力分布の場に存在する物体に作用する圧力が生み出す力であるといえる．

c. 相対的に静止した流体の力学

容器に入れた水を容器内でぐるぐる一定の角速度で回転させる（より厳密には容器ごと回転させる）と，やがて液面は中央部分が凹んだ一定の液面の形に落ち着く．よく観察すると周辺の速度が速く中央部で遅い．各半径の流体の回転速度はあたかも丸太（剛体）が回転している場合の回転速度のようである．このような流体の回転を剛体渦（solid vortex）という．したがって，剛体渦をその回転の中心を原点とし，渦と同じ速さで回転する相対座標系から観察すると，流体はあ

たかも静止しているようにみえる．このような場合の流れ場は，回転座標系を用いて絶対的に静止した流体と同様な解析が可能である．しかし次の相違点があることを忘れてはならない．

　［注］：回転座標系では遠心力を考慮しなければならない．

〔**例題 6.5**〕　液面の形．穏やかな日の海面は水平であるという．これは海水には重力のみが働いているからである．それ以外の力が働く一般的な場合には，「液体表面の傾き角は，表面近傍の微小流体部分に外部から作用している力の合力の方向に垂直である」という法則で決まる．このことを考慮して，角速度 ω で回転する剛体渦の表面形状を求めよ．

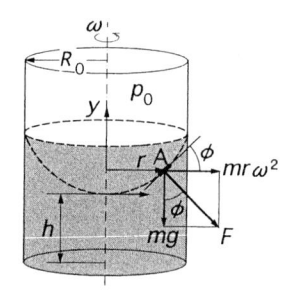

図 6.7　回転する液塊の表面形状

〔**解**〕　図 6.7 に示すように，液体表面の微小流体部分 A には回転しているための遠心力と重力の2つが外力として作用している．それらの合力 F の水平面からの角度 θ は次式で与えられる．

$$\tan\theta = \frac{mr\omega^2}{mg} = \frac{r\omega^2}{g} \qquad ①$$

この場合 $\tan\theta = dy/dr$ であるから，これを上式に代入し，境界条件として液面の最下点 ($r=0$) の深さを h として積分すれば，液面が放物面であることを示す次式を得る．

$$y = \frac{\omega^2}{2g}r^2 + h \qquad ②$$

6.3　管路内流れの力学

a． 検査体積の概念と基礎式

人口の流出や流入の予測，あるいはある事業の収入や支出の予測などの場合，正確さを期す場合にはその対象とする枠を明確に定めておかなければならない．流体現象の解析の場合も同様である．その枠に囲まれた部分を検査体積 (control

volume）といい，検査体積に次の3つの基礎式を適用する．
（1） 質量保存則（mass conservation law）（連続の式ということもある）
（2） 運動量保存則（momentum conservation law）（力の平衡を表す）
（3） エネルギー保存則（energy conservation law）（本書では熱量は考えない）

なお本書では頁数の制限から以後管路内の流れに限定する．また断わらない限り流路の一断面内の速度は一様（どの場所でも同じ速度）であるとする．このことは，固体壁面と流体との間に速度のスリップがあり，流体の粘性を無視したことを意味する．

b. 質量保存則（連続の式）

図6.8に示すような，管路側壁に囲まれ，流れ方向の長さが ds の検査体積を考える．密度 ρ の流体は面積 A の断面1から速度 V で流入し，面積 $A+dA$ の断面2から速度 $V+dV$ で流出する．この体積に任意時刻 t に含まれる流体の質量は $\rho A ds$ であるが，dt 間に流入する質量 $\rho A V dt$ と流出する質量 $(\rho+d\rho)(A+dA)(V+dV)dt$ との差によって $d(\rho A ds)$ の変化が生じる．すなわち，次式が成り立つ．

$$d(\rho A ds) = \rho A V dt - (\rho+d\rho)(A+dA)(V+dV)dt$$

この式を整理し dt と dx で割れば，質量保存の式として次式を得る．

$$\frac{d(\rho A)}{dt} = \frac{d(\rho A V)}{ds} \tag{6.9}$$

この式は条件により以下のように簡単になる．

（1） 定常（$d(\cdot)/dt=0$）の場合： $\rho AV =$ 一定 　　(6.10)
（2） 定常で非圧縮性流体（$\rho=$ 一定）の場合： $AV =$ 一定 　　(6.11)

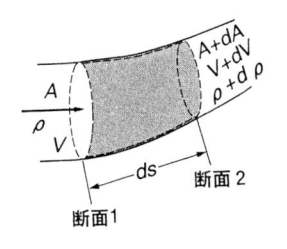

図 6.8　質量保存則

式 (6.11) はどの管路断面でも体積流量が一定であることを意味する．

c． 運動量保存則（力の平衡式）

流体に関する力の平衡式も，剛体の運動を議論する場合と同様ニュートンの運動方程式（equation of motion）を基礎とするが，流体では以下に述べるオイラーの方法(Eulerian method)という場の理論が多く用いられる．図6.9に示すように，流路の管壁と l だけ離れた断面積 A_1 の断面1ならびに断面積 A_2 の断面2とに囲まれた領域から，この中にある固体物体を除く流体部分を検査体積とする．時刻 t にこの検査体積に含まれている流体に着目し，これを対象流体と呼ぶことにする．この対象流体が時刻 t から $t+dt$ までの間に下流へ流れ，点線で示す領域へ移動したとする．オイラーの方法では検査体積に着目し，そこを通過していく流体がこの検査体積内で刻々示す流体的挙動を調査する．

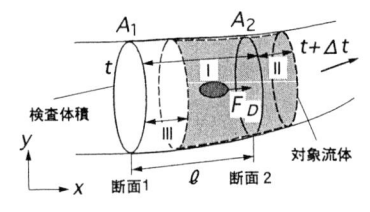

図 6.9 運動量保存則

運動方程式は力の関係を記述したもので，1つのベクトル式で表すことができるが，その式には3次元の流れ場であれば3つの独立した式が含まれている．ここでは理解しやすいようにまず図6.9中の x 軸方向成分の運動方程式を導こう．前述のように本章では一断面の速度が一様であるとする1次元の流れを対象にしているが，通路が曲がっていてもかまわない．図6.9の対象流体に対する運動方程式は，対象流体に作用している力の和を ΣF，運動量を M で表し，これらを x 方向の成分について記述すれば，次のようになる．

$$\Sigma F_x = \left(\frac{d}{dt}mV\right)_x = \left(\frac{d}{dt}M\right)_x \equiv \dot{M}_x \tag{6.12}$$

M_x の Δt 間の変化 ΔM_x は，図6.9中に示すⅠとⅡを加えた領域からⅢの領域を差し引いた領域，すなわち，破線で示す領域の時刻 $(t+\Delta t)$ の運動量から，実線で示すⅠの領域の時刻 t の運動量を差し引いたものである．これらの x 方向の成分は，添字に領域のⅠ，ⅡおよびⅢを用いて表せば，

$$\Delta M_x = [M_{\mathrm{I}}(t+\Delta t) + M_{\mathrm{II}}(t+\Delta t) - M_{\mathrm{III}}(t+\Delta t) - M_{\mathrm{I}}(t)]_x$$
$$= [M_{\mathrm{I}}(t+\Delta t) - M_{\mathrm{I}}(t)]_x + [M_{\mathrm{II}}(t+\Delta t) - M_{\mathrm{III}}(t+\Delta t)]_x$$
(6.13)

この式の右辺第1項は検査体積内（このことは座標を固定したことになる）の x 方向運動量の Δt 間の変化であり，$M_{\mathrm{II}x}$ と $M_{\mathrm{III}x}$ はそれぞれ Δt 間に検査体積に流出した運動量 M_{out} と流入した運動量 M_{In} の x 方向成分を表す．たとえば，$M_{\mathrm{III}x}$ [$\equiv (M_{\mathrm{In}})_x$] は，次式で表される．

$$M_{\mathrm{III}x} = \rho A_1 V_1 \Delta t (V_1)_x \tag{6.14}$$

$M_{\mathrm{II}x}[\equiv (M_{\mathrm{out}})]$ は式 (6.14) の右辺の添字1を2に変えればよい．

以上のことから，式 (6.12) の右辺は次式で表される．

$$\left(\frac{d}{dt}M\right)_x \equiv \dot{M}_x = \left(\frac{\partial}{\partial t}mV\right)_x + (\dot{M}_{\mathrm{out}})_x - (\dot{M}_{\mathrm{In}})_x \tag{6.15}$$

ここで m は検査体積に含まれる質量である．

　(dM/dt) は対象流体が検査体積からはるか離れて移動していく場合にも対象流体に関する運動量変化であり，$\partial(mV)/\partial t$ はニュートンの方法における検査体積内流体の運動量変化を表す．

　次に，作用する力について考える．ニュートンの運動方程式 (6.12) の左辺の力は対象流体に作用する力であるが，いまは微小時間 Δt について考えているので，これは検査体積に作用する力と同じと考えられる．時間が長く経っている場合は，その時刻 t をあらためていま考えている時刻 t とし，その t からの微小時間 Δt を考えればよい．これがオイラーの方法の特徴である．

　外部から検査体積の流体に作用する外力としては，

体積力 F_B：検査体積内の流体の全体に一様に作用する力で，電気力，電磁力などもあるが，通常は重力を考えればよい．

流体面からの力 F_S：いまの場合流路断面内の速度分布は一様であるとしているので，圧力による力を考えればよい．

固体物体からの力 F_D：図 6.9 では，管路側壁や検査体積内に存在する物体からの力などがある．

　以上の考察から，上述の力の正の向きを x 軸の正の向きに合わせて定義すると，運動量保存の式は次のようになる．

$$(F_S+F_B+F_D)_x = \left(\frac{\partial}{\partial t}mV\right)_x + (\dot{M}_{\text{out}})_x - (\dot{M}_{\text{in}})_x \tag{6.16}$$

y 方向の運動量保存の式は式 (6.16) の添字 x を y に変えればよい.

式 (6.16) は，条件により以下のように簡単化される.

・定常である場合
$$(F_S+F_B+F_D)_x + (\dot{M}_{\text{in}})_x - (\dot{M}_{\text{out}})_x = 0 \tag{6.17}$$

この式から，流入する流体は流入する向きの力を，流出する流体はその向きとは反対の向きの力を検査体積に及ぼすと解釈することができる.

・定常な流れが物体に及ぼす力 D

式 (6.17) の F_D は，物体が流体に及ぼす力であるから，その反作用である「流体が物体に及ぼす力 D」とは $F_D = -D$ の関係があり，次式を得る.
$$D_x = -(F_D)_x = (F_S+F_B)_x + (\dot{M}_{\text{in}})_x - (\dot{M}_{\text{out}})_x \tag{6.18}$$

〔例題 6.6〕 ジェットエンジン. 図 6.10 に示すようにジェットエンジンを水平に試験台に据え付けて推力テストを行った. 断面積 A_1 の入口断面から一様な速度 V_1 で水平にジェットエンジンに流入した密度 ρ の空気に, 質量流量 $\dot{m}_f$ の液体燃料を加えて燃焼させた. 燃焼ガスは面積 A_2 の出口断面から一様な速度 V_2 で水平に噴出した. このときのジェットエンジンの推力 (thrust) を求めよ.

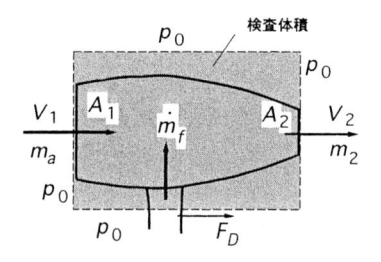

図 6.10 ジェットエンジン

〔解〕 図 6.10 に破線で示す検査体積をとり, 水平方向に x 軸をとる. 流れは定常であるから, 推力はこの x 軸方向の運動量保存を表した式 (6.17) から求まる. この式の各項は以下のようになる. ただし, 以下では添字 x を省略する.

F_S：検査体積のエンジンの出入口の 2 つの面（x 軸に垂直な面）は大気中にあり, その圧力はいずれも大気圧であるから, 圧力による x 方向の力はつり合い, F_S は 0 である.

F_B：体積力としては鉛直方向に重力が働いているが, x 方向の力には関係なく 0 である.

F_D：この力がエンジンを支えている支持棒を介して検査体積に作用しており，推力に逆らってエンジンを支えている．

$\dot{M}_{\text{In}}$：流入する流体の体積流量は A_1V_1 で，流体の密度は ρ であるから，流入質量流量 $\dot{m}$ は ρA_1V_1 で，これを $\dot{m}_a$ と表す．したがって，流入する流体がもつ運動量は $\dot{m}_aV_1$ であり，これは x の正の向きの力となる．

$\dot{M}_{\text{out}}$：流出する流体の質量流量は，流入する質量流量に燃料の $\dot{m}_f$ が加わるので $\dot{m}_a+\dot{m}_f$ である．ゆえに $\dot{M}_{\text{out}}=(\dot{m}_a+\dot{m}_f)V_2$ となる．

これらの値を式 (6.17) に代入して整理すれば，推力 F_D は次式で与えられる．

$$F_D=(\dot{m}_a+\dot{m}_f)V_2-\dot{m}_aV_1 \qquad ①$$

ジェットエンジンでは $V_2>V_1$ であることは明らかであるから，エンジンを支える力は $F_D>0$ となる．このことはエンジンの推力 F は x の負の向きであることを意味する．

〔**例題 6.7**〕 図 6.11 に示すように，幅 $2B$ の 2 次元の水平なダクト内を，密度 ρ の非圧縮性流体が一様な速度 U で流れている．その中央に 2 次元の物体が設置された．そのとき物体上流の速度分布は変わらなかったが，物体の後方の速度は図に示すようにダクト中央部の B の幅で V，その両外側で $2V$ の階段状の分布になった．ダクト壁面の摩擦力の影響は無視できるとして，(1) 速度 V を U を用いて表せ．(2) 流れが物体に及ぼす力 F を求めよ．

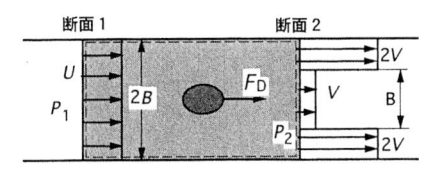

図 6.11 流体が物体に与える力，抗力

〔**解**〕 (1) 図に破線で示す検査体積をとり，水平方向に x 軸をとる．上流側と下流側の断面をそれぞれ断面 1 と断面 2 とし，この検査体積に連続の式を適用すれば，$2BU=B(2V)+BV$ であるから，次式を得る．

$$V=\frac{2}{3}U \qquad ①$$

(2) 検査体積に対して運動量の式 (6.17) を適用する．断面 1 と 2 の圧力をそれぞれ P_1 と P_2 とすれば，流体面に作用する力 F_S は正の向きに，

$$F_S=2BP_1-2BP_2=2B(P_1-P_2) \qquad ②$$

体積力 F_B は鉛直方向の力であるから，この問題の場合 0 である．また「流体が物体に及ぼす力 F」は $(-F_D)$ である．

この場合の質量流量は (1) から $2\rho BU$ であるから，断面 1 と 2 から流入・流出する運

動量はそれぞれ以下のようになる．

$$\dot{M}_{in} = 2\rho BUU = 2\rho BU^2 \tag{③}$$

$$\dot{M}_{out} = \rho B(2V)^2 + \rho BV^2 = \left(\frac{20}{9}\right)\rho BU^2 \tag{④}$$

以上の各項を式 (6.17) に代入すれば，次式を得る．

$$2B(P_1-P_2) + F_D + 2\rho BU^2 - \left(\frac{20}{9}\right)\rho BU^2 = 0 \tag{⑤}$$

この式を整理して F を求めると，次のようになる．

$$F = -F_D = 2B(P_1-P_2) - \left(\frac{2}{9}\right)\rho BU^2 \tag{⑥}$$

［注］：一般には圧力損失の項 $2B(P_1-P_2)$ は，運動量変化の項に比較して無視することができる．このことは式⑥から明らかなように $F(\equiv -F_D)$ は負であること，すなわち，流体が物体に及ぼす力の向きは図中の F_D と同じ向き，つまり流れと同じ向きであることを意味する．これは我々が経験することと同じである．

［注］：この問題では物体の形にはまったく触れていない．実際の経験では物体の形で流体から受ける力は異なる．このことは，「物体の形が変わると物体の下流(断面2)の速度分布が変わり，そのことから力が変わったことを算定することができる」ことから理解することができる．

d．エネルギー保存則

（1）　管路に損失がない場合のエネルギー式（ベルヌーイの式）

エネルギー保存式はb項で述べた質量保存の式と同様にして求めることができるが，ここではベルヌーイの式 (Bernoulli's equation) を求めることを目的に，非粘性流体 (inviscid fluid) に対する運動量の保存式であるオイラーの式を使って求めよう．

まずオイラーの式を求める．図6.12 に，流路壁と流路に沿って Δs だけ離れた断面1と2とで囲まれた検査体積を示す．ただし，本章ではすべて1次元流れ(非

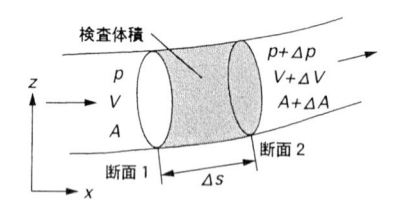

図 6.12　エネルギー保存則

粘性の流れ）と仮定している．断面1での圧力を p, 断面平均速度を V, 断面積を A とし, Δs だけ下流の断面2では高さが Δz だけ増加するほか，それぞれ図に示したように変化するとする．この場合式 (6.16) の右辺に相当する加速度の項は

$$\frac{\partial(\rho VA\Delta s)}{\partial t}+\rho(VA)\left(V+\frac{\partial V}{\partial s}\Delta s\right)-\rho(VA)V$$

であり，左辺に相当する外力の項はこの場合重力と圧力による力であるから，

$$-\rho gA\Delta s\left(\frac{dz}{ds}\right)+pA-\left(p+\frac{\partial p}{\partial s}\Delta s\right)\left(A+\frac{\partial A}{\partial s}\Delta s\right)$$
$$+\left(p+\frac{1}{2}\frac{\partial p}{\partial s}\Delta s\right)\left(\frac{\partial A}{\partial s}\Delta s\right)$$

である．ここで上式の第4項は管路壁が下流に向かって変化していることによりこの側面から流体に働く圧力による力を表す．これらの加速度を表す項と外力を表す項を等しいとおき，両辺を検査体積に含まれる質量 $\rho A\Delta s$ で割って $\Delta s \to 0$ とすれば，非粘性の流体に用いられる次のオイラーの式を得る．

$$\frac{\partial V}{\partial t}+V\frac{\partial V}{\partial s}=-\frac{1}{\rho}\frac{\partial p}{\partial s}-g\frac{dz}{ds} \tag{6.19}$$

この式は管路軸 s に沿って成立する運動量の保存式，つまり力の関係式である．この両辺に管軸方向の微小距離 ds をかけると，流体が ds 間を流れる間になす仕事を与えるので，エネルギーの式となる．その式を管路軸に沿って積分すれば，非粘性流体の流れ，つまりエネルギー損失のない流れに対する次のエネルギー保存の式を得る．

$$\int\frac{\partial V}{\partial t}ds+\frac{V^2}{2}+\frac{p}{\rho}+gz=\text{const.} \tag{6.20 a}$$

この式は定常流の場合には，以下のようになる．

$$\frac{V^2}{2}+\frac{p}{\rho}+gz=\text{const.} \tag{6.20 b}$$

または, $\quad \dfrac{V^2}{2g}+\dfrac{p}{\rho g}+z=\text{const.}, \quad \dfrac{\rho V^2}{2}+p+\rho gz=\text{const.} \tag{6.20 c,d}$

この式 (6.20 a～d) はいずれもベルヌーイの式と呼ばれ，式 (c) は長さの単位，式 (d) は圧力の単位で表されている．このように損失のない管路では，運動エネルギー $\rho V^2/2$, 圧力がなすエネルギー p および位置エネルギー ρgz の和（いずれも単位質量当たり）は，管路のどの断面でも同じ値をとることがわかる．

[注]：式 (6.20 c) の各項はいずれも長さ（高さ）の単位をもっており，各項は左か

ら順に速度ヘッド (velocity head), 圧力ヘッド (pressure head) および位置ヘッド (potential head), またこれらの総和は全圧ヘッドと呼ばれる. したがってこの式は損失がない流れでは全圧ヘッドは管路に沿って一定に保たれることを表す. また式 (6.20 d) の各項は圧力の単位を有しており, 第1項を動圧 (dynamic pressure), 第2項を静圧 (static pressure) と呼ぶ (6.5 節 a 項参照).

(2) 管路損失がある場合のエネルギー式

実在流体のように粘性があり, そのため管路損失がある場合も, その損失を式の中に加えればエネルギー保存の法則は必ず成立する. たとえば式 (6.20 c) は, 流体が上流側断面1から種々の管路要素でエネルギー損失 h_l を伴いながら断面2まで流れた場合 (6.4 節参照), 次のように表される.

$$\left(\frac{V^2}{2g}+\frac{p}{\rho g}+z\right)_1=\left(\frac{V^2}{2g}+\frac{p}{\rho g}+z\right)_2+h_l \tag{6.21}$$

(3) 管路に流体機械が存在し, 管路損失も存在する場合

流体は断面1から断面2に流れていくまでにポンプから単位質量流量当たり M のエネルギーが与えられるので, 式 (6.21) を補正して次式を得る.

$$\left(\frac{p}{\rho g}+\frac{V^2}{2}+z\right)_1+M=\left(\frac{p}{\rho g}+\frac{V^2}{2}+z\right)_2+h_l \tag{6.22}$$

[注]:流体機械がタービンである場合には流体がエネルギーを外部に与えるので, 上式の M は $-M$ で置き換えなければならない.

〔例題6.8〕 図6.13に示すように密度 ρ, 断面積 A_1 の液体の噴流(jet)が水平な x 軸方向から流入し, 静止した曲板に衝突したのち図のように x 軸から α だけ方向を変えて流出する. 流れが定常であるとき, 噴流が曲板に与える力を求めよ. ただし簡単のため噴流の重力, 噴流の検査体積への入口と出口の高さの差および板の表面での摩擦は無視できるものとする.

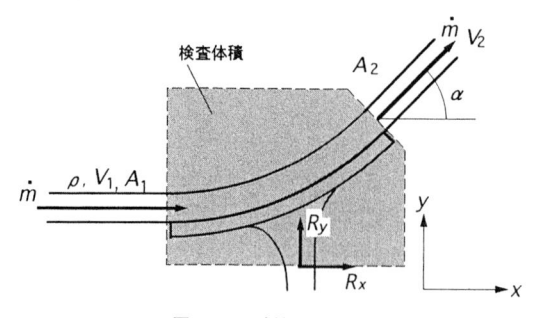

図 6.13 噴流による力

〔解〕 図6.13中に破線で囲まれた領域を検査体積にとり,噴流の入口と出口の状態にはそれぞれ1と2の添字を付して表す.まず式(6.16)で検査体積に作用する力のうち体積力は仮定により0である.また検査体積へ流体が流入・流出する境界面はいずれも大気圧であるから,圧力による正味の力も0である.したがって流体に作用する力は検査体積内で板から噴流に与えられる力 F_D である.この力の逆向きの力 $-F_D$ が,求めるべき「噴流が曲板に与える力」である.次に式(6.16)の右辺について考えると,この場合流れは定常であるから第1項は0で,第2項の $(\dot{M}_{out})_x$ は $\dot{M}_{out}(\equiv \rho A_2 V_2 V_2)$ の x 方向成分 $\rho A_2 V_2^2 \cos\theta$, 第3項の $(\dot{M}_{in})_x$ は入口では x 方向の速度成分だけであるから $\dot{M}_{in}(\equiv \rho A_1 V_1 V_1)$, また質量の保存式(6.10)から $\rho A_1 V_1 = \rho A_2 V_2 = \dot{m}$ である.

一方,式(6.20 d)で $p_1 = p_2$ であり,仮定から $z_1 = z_2$ であるから,出口と入口の速度には $V_1 = V_2$ が成り立つ.したがって式(6.16)は

$$(F_D)_x = \dot{m} V_2 \cos\theta - \dot{m} V_1 = \dot{m} V_1 (\cos\theta - 1) \qquad ①$$

同様に x 軸に垂直な方向の力 $(F_D)_y$ は,

$$(F_D)_y = \dot{m} V_1 \sin\theta \qquad ②$$

したがって噴流が曲板に与える力 D の x と y 方向の成分は,次のようになる.

$$D_x = -(F_D)_x = -\dot{m} V_1 (\cos\theta - 1), \qquad D_y = -(F_D)_y = -\dot{m} V_1 \sin\theta$$

〔例題6.9〕 急拡大部におけるエネルギー損失.図6.14に示すように密度 ρ の非圧縮性の流体が水平な管路の急拡大部を流れている.狭い流路の面積と流速はそれぞれ A_0 と V_0 である.断面2では流れは十分に発達しており,速度は一様に V_2 であるとする.断面1から2までの壁面摩擦による力は無視できるとして,急拡大部におけるエネルギー損失を求めよ.

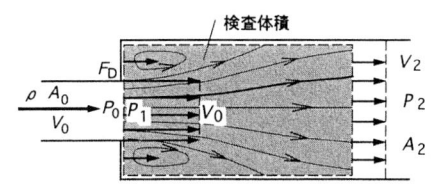

図 6.14 急拡大部のエネルギー損失

〔解〕 図中破線で囲んだ領域を検査体積とする.断面1で流体は細い管から大きな管へ噴流状に流入するので,検査体積への流入断面1での流速は V_0 にほぼ等しい.したがって連続の式(6.11)から次式が成り立つ.

$$V_0 A_0 = V_2 A_2 \qquad \therefore \qquad V_2 = V_0 A_0 / A_2 \qquad ①$$

次に検査体積に作用する外力は,急拡大部の壁面から受ける力 F_D と圧力による力である.したがって流れ方向の運動量保存の式(6.17)は次式となる.

$$p_1 A_0 - p_2 A_2 + F_D + (\rho A_0 V_0) V_0 - (\rho A_2 V_2) V_2 = 0 \qquad ②$$

求めるべき h_l を含むエネルギー式 (6.21) で $z_1=z_2$ (水平) であるから,

$$\frac{V_0^2}{2g}+\frac{p_0}{\rho g}=\frac{p_2}{\rho g}+\frac{V_2^2}{2g}+h_l \qquad ③$$

壁面からの力 F_D は壁面圧力 p と面積の積 (A_2-A_0) で与えられる．拡大部で流体が噴流状に拡大管へ流入することは，$p=p_1=p_0$ であることを意味するので，

$$F_D=p_0(A_2-A_0) \qquad ④$$

上述の式①～④から h_l が次式のように求まる．

$$h_l=\frac{1}{2g}(V_0-V_2)^2 \qquad ⑤$$

6.4　管　　　路

　水道水を輸送するには通常円管が用いられ，空調機からの暖気や冷気を送る場合には断面が長方形のダクトが多く用いられる．これらの円管やダクトのように流体を輸送する流路を管路という．管路を設計する際の流体力学的問題は，(1) 管路の断面積をどの程度にするか，(2) ポンプ (pump) あるいは送風機 (fan) などの流体機械の容量をどの程度にするか，である．大口径管を使えば，流体機械の動力が小さくて，運転コストは少なくて済むが，初期の建設コストが高くなる．また大容量の流体機械を据え付ければ，容量的には問題がないが，常時ポンプ効率が低いところで使用することになり，省エネルギーの観点から問題がある．このことは，管路における最適条件をあらかじめ十分把握して設計しなければならないことを示している．本章では管路設計における基礎知識について述べる．

a. 管路の構成

　管路の例として貯水池から各家庭への水道水の輸送のための管路を考えてみよう．図 6.15 に示すように，貯水池の管路入口①から流れ出す水の流量は多いので，流速にもよるが管路ははじめ大口径の管であろう．その後管路は，②ポンプ，③弁などの絞り，④まっすぐな管路，⑤広がり管，⑥細まり管，⑦曲がり管，⑧貯水槽等への管路出口部，等で構成されている．このような構成要素を水が流れると，必ずエネルギーの損失が生じる．その損失に見合うエネルギーをポンプで水に与えないと，水は流れることができない．つまりポンプの容量はその損失を考慮して最適なものに決定しなければならない．以下では各管路要素における損失について述べる．

6.4 管 路

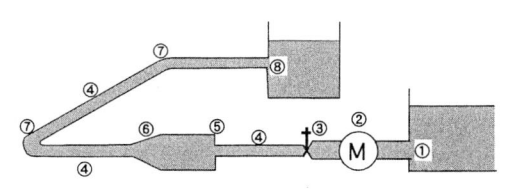

図 6.15 管路構成の例

b. 管路内流れの基礎式

管路内流れの解析には前節で述べたエネルギーの保存式 (6.21) もしくは式 (6.22) を用いる．これらの式を適用する場合には，まず，(1) 断面 1 と断面 2 を決め，(2) 損失の項 h_l を算定して，考えている系全体の流れを決定する．

［注］：(1) ではできるだけ状態が明確に決まる 2 つの断面を選ぶ．(2) では本節 d 項で詳述するが，h_l が流れの状態に依存することを忘れてはならない．

c. 層流と乱流

1883 年 Reynolds（レイノルズ）は，図 6.16(a) と (b) のように管路の中に細い線状色素を導入して，管内の水の流れを観察した．その結果水の流れが遅いと (a) のように着色液はそのまま筋となって流れるが，早くなると (b) のようにたちまちかき乱されて，管の断面全体に広がってしまうことを発見した．Reynolds は，(a) の場合には流体の個々の粒子が整然と層をなして流れていると考え層流（laminar flow）と名づけ，(b) の場合には流体粒子が不規則に激しく入り混じって流れていると考えて乱流（turbulent flow）と名づけた．

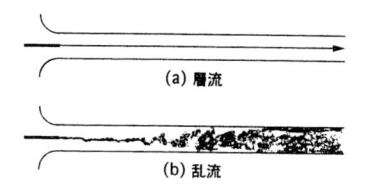

図 6.16 層流と乱流

実験によれば，式 (6.23) で定義されるレイノルズ数が約 2000 以下では必ず層流となる．この限界のレイノルズ数を臨界レイノルズ数といい，Re_c で表す．

$$\text{レイノルズ数の定義} \quad Re \equiv \frac{VD}{\nu} \tag{6.23}$$

臨界レイノルズ数 　　$Re_c \sim 2000$ 　　　　　　　　　　(6.24)

ここで，V は管断面平均流速，D は管内径，ν は流体の動粘性係数である．

d. 管路のエネルギー損失 h_l の算定

管路のエネルギー損失は通常管路損失といわれ，式 (6.21) や (6.22) の形のエネルギー式に基づいて，次式のように長さの単位をもった式で定義される．

$$h_l = \zeta \frac{V^2}{2g} \tag{6.25}$$

ここで，上式で定義される係数 ζ は損失係数（loss coefficient）と呼ばれる．また管断面平均流速 V は，流量 Q，断面積 A の管路の場合次式で決定できる．

$$V = \frac{Q}{A} \tag{6.26}$$

したがって，式 (6.25) を算定するには ζ を決定する必要がある．以下に ζ の値を示すが，そのほとんどが実験結果に基づいており，実験の重要性がわかる．

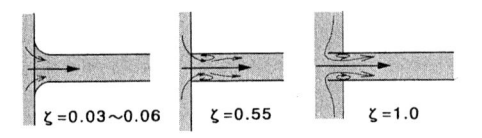

$\zeta = 0.03 \sim 0.06$ 　　$\zeta = 0.55$ 　　$\zeta = 1.0$

図 6.17　管路入口形状と損失係数

（1）**管路入口の損失**　　図 6.17 の各図は，左側の大きな容器から管路への入口部形状と，その場合の ζ の値を示したものである．流体が流れやすいと思われる形状の場合に ζ の値が小さいことを感じてほしい．

（2）**真直ぐな円管の管摩擦による損失**　　真直ぐな円管の場合には多くの実験があり，次のダルシー・ワイスバッハの式でまとめられている．なお，l は直管の2つの断面間の距離である．

$$h_l = \left(\lambda \frac{l}{D}\right) \frac{V^2}{2g} \tag{6.27}$$

この式と式 (6.25) との比較から，この場合には次式のように ζ の内容すなわちエネルギー損失の機構がさらに詳細に明らかになっていることがわかる．

$$\zeta = \lambda \frac{l}{D} \tag{6.28}$$

ここで，λ は管摩擦係数（friction factor）と呼ばれている．その値はムーディ線

図(文献の 6.1 参照)で与えられている．この図で $Re \leqq 2000$ の範囲では流れは前述のように層流であり，管路損失は次のようにハーゲン・ポアズイユの法則として理論的に得ることができる．それによれば，

$$\text{層流の場合} \quad \lambda = 64/Re \tag{6.29}$$

乱流の場合で管の内壁が平滑であれば，次のブラジウスの実験式がある．

$$\text{乱流の場合} \quad \lambda = \frac{0.316}{Re^{1/4}} \tag{6.30}$$

（3）**真直ぐな非円形管の場合**　たとえば空調システムの送風ダクトのように，長方形断面の管路についてはこれを次式で定義される等価直径 D_e(equivalent diameter)をもつ円管とみなし，前項(2)で述べた関係式を用いる．なお等価直径 D_e は次式で定義される水力平均深さ (hydraulic mean depth) m の 4 倍として定められる．

$$D_e = 4m = 4 \times (\text{管断面積}/\text{管断面の周長}) \tag{6.31}$$

（4）**急拡大部と広がり管の損失**　6.3 節の例題 6.9 において急拡大部での損失の式⑤を求めた．これを変形すれば，損失係数がただちに求まる．

$$h_l = \frac{1}{2g}(V_0 - V_2)^2 = \left(1 - \frac{A_0}{A_2}\right)^2 \frac{V_0^2}{2g} \tag{6.32}$$

この関係を用いて，一般に広がり管の場合には次のように表す．

$$\zeta = \xi \left(1 - \frac{A_0}{A_2}\right)^2 \tag{6.33}$$

ξ は 1 以下の値をとるが，急拡大のとき最大で 1 であり，下記の最適形状のとき最小となる．

　　円錐の場合　　広がり角 $\theta = 5°\sim 6°$ で $\xi = 0.14$
　　角錐の場合　　広がり角 $\theta = $ 約 $6°$ で $\xi = 0.15$

（5）**急縮小部と細まり管**　この場合一般に損失は小さい．無限大からの急縮小のとき最大値 $\zeta = 0.5$ をとる．

（6）**曲がり管部での損失**　曲がり部では管断面で旋回する 2 次流れと呼ばれる流れの成分が誘起されエネルギー損失は増加する．緩やかな曲がりの場合には真直ぐな管より若干大きくなる程度であるが，直角的な急激な曲がりの場合には ζ は 1 を超すこともあり，注意が必要である．

（7）**弁（valve）およびコック（cock）の損失**　そもそも弁やコックは通路面積（開度）を変えることによってエネルギー損失を調整して，管路を流れる

流体流量を調節する管路要素である．したがってζは全開の場合でも一般に大きい．その値は弁の種類によって異なるが，仕切り弁では0.2，玉形弁では6程度である．それらの値から弁を締め切った場合の$\zeta=\infty$までの範囲の値をとる．

（8）**管路出口の損失** 管路出口では流体が管路から広い空間に噴出するような出口形状が一般的である．そのことは出口における運動エネルギーがそのまま損失になることを意味する．ただし管路から大気中に流体が噴出する場合には，式(6.21)や(6.22)で管路出口を断面2にとる場合が多い．この場合には出口の運動エネルギーは式の中で自動的に損失として考慮されるので，出口損失を考える必要はない．

一方，管路から水が流入しても，水面の高さが変わらないほど大きな容器に噴流状に流出する場合には，その容器の水面を断面2にとると都合がよい．そのような場合には管路からの流出部のエネルギーはすべて損失になると考えてよいので，次式のように損失係数は1である．

$$\zeta = 1 \tag{6.34}$$

（9）**管路の総損失** 管路の断面1から断面2に至る間の管路要素による損失には，前項までに述べたように式(6.25)の形式と式(6.27)の形式がある．したがって全損失はそれらの総和として次のように表される．ただし速度V_iあるいはV_jは管路断面積に依存して変わる．

$$h_l = \sum\left(\lambda_i \frac{l_i}{D_i} \frac{V_i^2}{2g}\right) + \sum\left(\zeta_j \frac{V_j^2}{2g}\right) \tag{6.35}$$

〔**例題6.10**〕 弁による流量調整．集合住宅の屋上に設置された大きな水槽から各個住宅へ水道が引いてある．図6.18に示すように，水槽の水面からある住宅の蛇口（弁）までの高さは15mであり，管路の全長は16mである．その管路の径および蛇口の出口径は10mmである．損失係数は，入口部0.5，3つの曲がり部はいずれも0.3で，管摩擦係数は0.025とする．蛇口の全開時の損失係数が8の場合に蛇口によって調整できる水の流量の範囲を求めよ．

〔**解**〕 この場合式(6.21)が利用できる．水槽の水面を断面1，蛇口出口を断面2にとり，与えられた条件を整理すると，断面1において：$V_1=0$, $p_1=0$（ゲージ圧），$z_1=15$ [m]，また断面2において：$V_2=V$, $p_2=0$（ゲージ圧），$z_2=0$である．これらの条件を式(6.21)に代入すると，

6.4 管　路

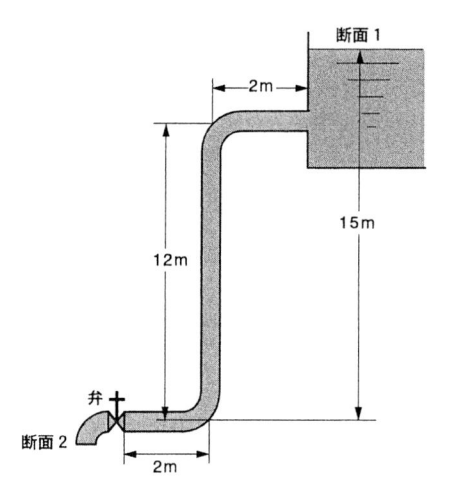

図 6.18　弁による流量調整

$$15 - \frac{V^2}{2g} = h_l \quad ①$$

直管部の管摩擦による損失係数 ζ は，全長 16m であるから，

$$\zeta = \lambda \frac{l}{D} = 0.025 \frac{16}{0.01} = 40$$

である．蛇口の損失係数を ζ_V としておくと，h_l は次のようになる．

$$h_l = (0.5 + 0.3 \times 3 + 40 + \zeta_V)\frac{V^2}{2g} = (41.4 + \zeta_V)\frac{V^2}{2g} \quad ②$$

式①に②を代入し，$g = 9.8\,[\text{m/s}^2]$ として V を求めると，

$$V = \sqrt{\frac{30g}{(42.4 + \zeta_V)}} = \frac{17.1}{\sqrt{42.4 + \zeta_V}} \quad ③$$

よって流量 Q は，次式で表される．

$$Q = \frac{\pi}{4}D^2 V = \frac{1.34}{\sqrt{42.4 + \zeta_V}} 10^{-3}\,[\text{m}^3/\text{s}] \quad ④$$

Q が最大となるのは，蛇口が全開して，$\zeta_V = 8$ をとるときで，$Q_{\max} = 0.189\,[l/\text{s}]$ である．Q が最小になるのは，蛇口が全閉した $\zeta_V = \infty$ のときで，$Q_{\min} = 0\,[l/\text{s}]$ である．したがって 0 から 0.19 $[l/\text{s}]$ の範囲で流量を変えることができる．

〔**例題 6.14**〕 図 6.19 に示すように，低地にある池 B から 300m 上方にある池 A にポンプを用いて揚水している．管路の径が 1.0m，全長が 500m である．ポンプが水に与えなければならない全揚程を求めよ．ただし管摩擦による損失以外の管路損失は無視してよい．

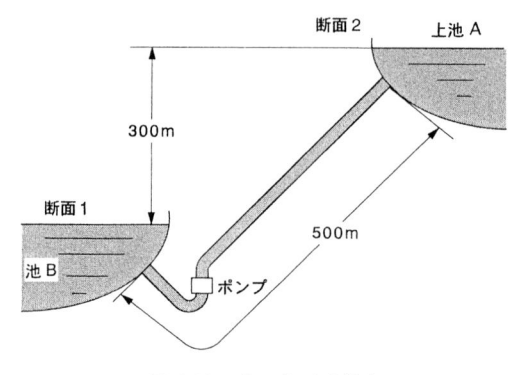

図 6.19 ポンプによる揚水

〔解〕 式 (6.22)が適用できる．池 B の水面を断面 1，上池の水面を断面 2 とし，高さの基準を断面 1 に設定する．この場合与えられた条件から，

断面 1：$p=0$，$V=0$，$z=0$，　　断面 2：$p=0$，$V=0$，$z=300$[m]

したがって式 (6.22) は次式となる．

$$M = z_2 + \lambda \frac{l}{D} \frac{V^2}{2g} = 300 + 0.025 \frac{500}{1} \frac{V^2}{2 \times 9.8} = 300 + 0.638 V^2 [\text{m}] \qquad ①$$

この式からポンプが水に与えるべき揚程が流速の 2 乗で増加することがわかる．この場合のように大口径の液体の流れでは流速が過大になると危険であるから，$V<3$ [m/s] の条件があるとすると，ポンプが与えるべき最大の揚程は，

$$M_{max} = 300 + 0.637 \times 3^2 = 306 [\text{m}]$$

[注]：この例からわかるように，高さに差がある場所に液体を輸送する場合には一般にその高さの差がエネルギーの大きな割合を占める．したがって式 (6.20 c)，(6.21)，(6.22) などのように長さの単位をもつエネルギー式がよく用いられる．

6.5 流速と流量の計測

流体の流れを表す諸量のなかで流量と流速が最も基本的な量である．したがって，その測定には従来からいろいろな方法が考案されているが，本節ではベルヌーイの式に基づいた測定法についてのみ述べる．

a．測 定 原 理

式 (6.20 b) のベルヌーイの式を流路の 2 つの断面に適用すれば，

$$p_2 + \frac{\rho V_2^2}{2} + \rho g z_2 = p_1 + \frac{\rho V_1^2}{2} + \rho g z_1 \tag{6.36}$$

この式の両辺の第1項を静圧，第2項を動圧という．これらの和を p_t と表し，これを全圧と呼ぶ．すなわち，

$$p_t = p_s + \frac{\rho V^2}{2} \tag{6.37}$$

簡単のため水平な管路もしくは $\rho g z$ の項が無視できる場合を考えると，式 (6.36) は次式のようになり，エネルギー損失のない流れでは全圧が管路に沿って一定であることを意味する．

$$p_{t1} = p_{t2} \tag{6.38}$$

以上のことは次の2項にまとめられる．
(1) 流れ場に物体を入れて速度が0となるようにすると，物体表面の速度が0となった点の静圧は動圧分だけ上昇し，全圧と等しくなる．
(2) 1本の管路で流路断面積が狭い所では速度すなわち動圧が大きくなり，その分だけ静圧が下がる．
ベルヌーイの式に基づいた測定法では，この2つの性質を利用する．

b．ピトー管による局所流速の測定

これは前項で述べた(1)の性質を利用したものである．ピトー管は，図6.20に示すように細い2重円管からなっており，内側の円管は先端のAの穴と，外側の環状の通路はBの穴とつながっており，それぞれの穴の点の圧力を測定することができる．このピトー管を図に示すように周辺の流れを乱さないように流れに平

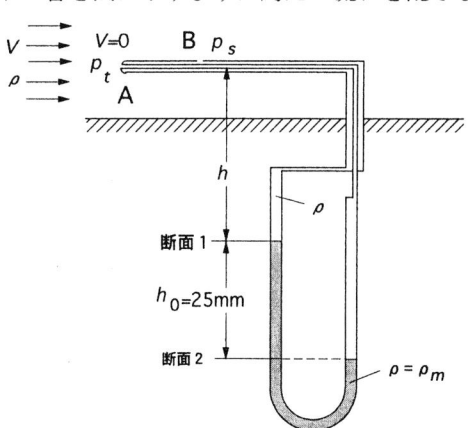

図 6.20 ピトー管による流速測定

行に設定すると，ピトー管の上流からの流れはピトー管の先端 A に流入し，そこで速度は 0 となる．したがって穴 A では，式 (6.37) の全圧 p_t が測定される．一方穴 B は流れに平行な管壁にあけられていることになるので，その近傍の静圧 p_s を測定することになる．この p_s はピトー管が設定される前の流れの静圧 p_s と等しく，これはまた点 A の静圧とも等しいと考えられる．したがって，式 (6.37) を変形した次式，

$$V = \sqrt{\frac{2(p_t - p_s)}{\rho}} \tag{6.39}$$

に測定した p_t と p_s を代入すれば，局所の点 A の速度が得られる．

〔例題 6.12〕 図 6.20 に示すように，水平な管内を流れている水の流速を計るために，ピトー管を流れの中に設定した．全圧と静圧の差を比重 1.5 の液体を入れたマノメータで測定したところ液柱差は 25 mm であった．その点の流速はいくらか．ただし，水の密度を 1000 kg/m³ とする．

〔解〕 ピトー管の外径は流れ場のスケールに比べて十分に小さいものを用いるから，点 A と B から断面 1 までの距離は近似的に等しく h であるとしてよい．図に示すマノメータの断面 2 の圧力は両側で等しいから，式 (6.7) を参照すれば，次式を得る．

$$p_t + \rho g(h + h_0) = p_s + \rho g h + \rho_m g h_0 \qquad ①$$

この式から動圧は，マノメータ液柱差 h_0 で次のように表せる．

$$p_t - p_s = g h_0 (\rho_m - \rho) \qquad ②$$

これに値を代入すれば，$p_t - p_s = 9.81 \times 25 \times 10^{-3}(1500 - 1000) = 367.9$ である．

この値を式 (6.39) に代入すれば，速度は $V = 0.858$ [m/s] となる．

c. 絞りによる流量測定

流路のある断面を通過する流れの流量は，前項で述べたピトー管を用いてその断面内のある点の速度を測定し，それに断面積を掛ければ求まる，というわけではない．管路断面の速度がどの場所でも同じである流れであればそれでもよいが，実際の流れでは境界条件と粘性のために断面内の速度は場所によって異なっている．したがって，ピトー管を用いる場合には断面内の多くの点で速度を測定し，それに微小面積を掛けて全断面について積分しなければならず，たいへん手間のかかる作業となる．これを克服するのが，143 ページで述べた (2) の性質，つまり「絞り」を利用する流量測定法である．

図 6.21 に示すように流路のある断面を絞り，そこを断面 2 とし，その上流の絞

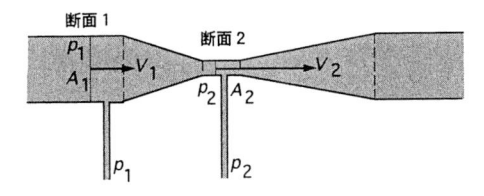

図 6.21 ベンチュリ管による流量測定

らないところに断面 1 をとる．簡単のためにこの管路は水平であるとする．このとき断面 1 と断面 2 との間に成り立つ連続の式とエネルギー式はそれぞれ，

$$Q = A_1 V_1 = A_2 V_2 \tag{6.11}$$

$$p_2 + \frac{\rho V_2^2}{2} = p_1 + \frac{\rho V_1^2}{2} \tag{6.20c}$$

と表される．この両式から絞り部の速度 V_2 は次式となる．

$$V_2 = \left(\frac{1}{1 - A_2^2/A_1^2}\right)^{1/2} \sqrt{\frac{2(p_1 - p_2)}{\rho}} \tag{6.40}$$

したがって流量 Q は，これに絞り部の断面積をかけて次式で与えられる．

$$Q = \alpha \frac{\pi d^2}{4} \sqrt{\frac{2(p_1 - p_2)}{\rho}} \tag{6.41}$$

ここで d は絞り部の内径である．また α は断面 1 と 2 との間で生じるエネルギー損失を式 (6.40) の面積の項に含めて補正したものであり，流量係数と呼ばれている．この式からわかるように，断面 1 と 2 との間の圧力差を計測すれば，流量が求められる．この絞り部分をベンチュリ管 (venturi tube) という．

実際に使用されているこのほかの標準的な絞り流量計を図 6.22 に示す．(a) はオリフィス板 (orifice plate)，(b) はノズル (nozzle) と呼ばれる．これらの絞り部を通過する際のエネルギー（圧力）損失は，オリフィス，ノズル，ベンチュリ管の順に小さく，ベンチュリ管はその点で好ましいが，それだけ価格が高くなる．

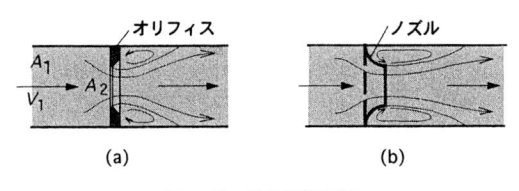

図 6.22 絞り形流量計

〔例題 6.13〕 傾斜ベンチュリ管．図 6.23 に示すように傾斜して設定されたベンチュリ管内を密度 ρ の流体が流れている．面積 A_1 の断面 1 と A_2 の断面 2 との間の圧力差を密度 ρ_m のマノメータ液を用いたマノメータで測ったところ，液柱差が図に示すとおり h となった．管内を流れる流体の流量を求めよ．

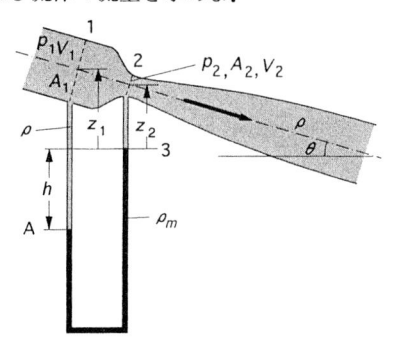

図 6.23 傾斜ベンチュリ管による流量測定

〔解〕 断面 1 と 2 との間に，連続の式 (6.11) とエネルギー式 (6.20 c) を適用する．またマノメータ液についての力の平衡式は断面 A を基準として式 (6.5) を適用すれば，
$$p_1 + \rho g(z_1 + h) = p_2 + \rho g z_2 + \rho_m g h \qquad ①$$
連続の式の $V_1 = V_2 A_2 / A_1$，および式①から得られる $(p_1 - p_2)$ をエネルギー式に代入して，V_2 について整理すれば，次式を得る．
$$V_2 = \sqrt{\frac{2gh}{1-(A_2/A_1)^2}\left(\frac{\rho_m}{\rho}-1\right)} \qquad ②$$
したがって，流量 Q は上式の V_2 と A_2 との積から得られる．

[注]：式②には管路が傾斜しているにもかかわらず z が含まれていない．このことは，マノメータで圧力差を測定すれば，ベンチュリ管が傾斜していても水平であっても流量は同じ式から求まることを示している．

演習問題

6.1 密度が未知の液体に比重 1.2 の円柱を中心軸が鉛直になるように入れたら，円柱の高さの 3/4 が液体の中に沈んでつり合った．液体の密度はいくらか．
6.2 非圧縮性流体の定常な流れで 1 本の流路から 2 本の流路へ分岐する場合の連続の式を導け．
6.3 水の入った容器を直線的な加速度をもって水平に動かしたら，液面が水平線から 15° 傾いた．このときの加速度を求めよ．

6.4 図6.11に示す流路系で楕円状物体の代わりに直径 $d=(1/8)B$ の円柱を設定したところ，断面2の速度は，流路中心で0で，両側の流路壁面に向かって $4d$（片側 $2d$）の幅で直線的に V まで増加し，その外側では一様に V であった．
(1) V を U で表せ．また，(2) 円柱にかかる抗力 D を求めよ．

6.5 水面の高さの差が H の2つの大きな水槽AとBが異なる2本の真直ぐな円管でそれぞれ直結されている．これらの管の内径 D，長さ l はまったく同じであるが，取付け位置（高さ）は異なっている．この場合各管を流れる流量の差はいくらか．ただし，管路入口の損失係数，直管部の管摩擦係数はいずれも同じであるとする．

6.6 図6.23に示す傾斜ベンチュリ流量計内を20℃の水が流れている．密度が 13.5×10^3 [kg/m³] のマノメータ液を用いて圧力差を測ったところ液柱差 h が25mmであった．絞り部の流速と流量を求めよ．ただし絞り部の面積比 A_2/A_1 は 1/5，内径 d_2 は 50 mm である．

Tea Time

「諸君は，なぜ，何のために，今この教室にいるのか．」いきなりこのように書くと「何だ」と身構えるかもしれない．私は，この本の読者が今私の講義を聞いていると想定して，時々学生に話す雑談の調子でこの文を書いている．

外国での学生について印象に残っている光景を少し書こう．アメリカのパデュー大学の大学院の講義を頼まれたときのことである．その先生と食堂で昼食をとっていたのであるが，少し話しが弾んで講義が始まる5分前位になって，その先生が「急ぎましょう」と言って小走りに教室へ向かわれる．「教室までどのくらいかかりますか」と尋ねると，「5分位です」と言った後，「アメリカの学生は時間にうるさいですからね．少しでも遅れるとブーブー言うのですよ」と続けられた．

つまり，学生は，「高い授業料を出して講義を受けにきている．だから決められた時間一杯に最大限の知識を得たい」というわけである．先生も数人来ておられたが，それらの先生方や学生からも話し中にもたくさんの質問があり，楽しい時間であった．

次は，アメリカのカリフォルニア大学バークレー校でのことである．さすがにバークレー校には世界から多くの著名な研究者が来られ，その方々からセミナーを開いてもらっている．その著名な先生が一生懸命説明しておられるとき，前の方で足を組み，ふんぞり返って聞いていたある大学院学生が「According to my theory, your explanation may be wrong, because……」と言うではないか．私はびっくりして見守っていると，その先生は懇切ていねいにその学生が納得するまで説明された．

この2つの話で共通するのは，学生達の知識獲得への情熱（passion）である．こ

の点で私は日本の学生に奮起を促したい．またはじめの話からは「自分が今やっていることの意味を常に深く考えること」，言い換えれば「自分の生き方，哲学(philosophy)をしっかりもつこと」の重要さを学ぶことができる．さらに後の話からは，今まで修得した知識で自分なりの理論を構築し，その築いた理論に照らして物事を理解し，それが間違っていれば修正し，自然の摂理(physics)を正しく学んでいこうという姿勢の重要さ，を心に強く受け止めてほしい．そしてそれがオリジナルな理論に結晶すれば，最高である．……(Triple Ps!!)

7. 熱力学

この章では,物質の状態および状態変化と熱エネルギーの授受の関係を取り扱う熱力学と,熱エネルギーから機械的仕事を得る熱機関について述べる.

7.1 熱力学の第一法則

a. 状態量と状態変化

物質(気体,液体,固体)の状態を表す温度 T,圧力 P,容積 V などは,物質の状態のみで決まり,その状態になった過去の経緯には無関係な量である.そのような量を状態量(property)という.よって状態1から状態2に変化した場合,状態量の変化量は単に,状態2と状態1における状態量の差となる.このことは状態量に関して微分や積分などの数学的取扱いができることを意味しており,重要な概念である.状態量は温度や圧力のように物質の量に関係ない示強性状態量(intensive property)と,容積のように物質の量に比例する示量性状態量(extensive property)とに分けられる.一方,状態量でないものとして,熱量 Q や仕事 W があり,そのままでは数学的な取扱いができない量である.

ある系が,状態1から状態2に変化したのち再び状態1に戻ったとき,周囲に何らの変化も残さない場合を可逆変化(reversible change)といい,周囲に何らかの変化が残っている場合を非可逆変化(irreversible change)という.非可逆変化の例としては,摩擦による仕事の熱への変化や,熱が高温物体から低温物体に移る伝熱過程などがある.自然界には摩擦や伝熱をまったく伴わない現象はないので,厳密には可逆変化は存在しない.しかし,温度差や圧力差が限りなく小さく,変化の段階においてほぼ平衡が保たれている変化を考えることにより可逆

変化として取り扱うことができる．

b．内部エネルギーとエンタルピー

物質を構成している分子（あるいは原子）は並進運動や回転運動をしており，また分子を構成する原子間では振動運動をしている．これらの運動エネルギーと分子間のポテンシャルエネルギーの総和を内部エネルギー（internal energy）といい，U [J] で表す．内部エネルギーは示量性の状態量である．熱力学では一般に系全体の示量性状態量を表すときは大文字で表し，単位量の場合は小文字で表す．たとえば 1 [kg] 当たりの内部エネルギーを表す場合は u [J/kg] を用い，比内部エネルギー（specific internal energy）という．

次に流体が定常的に管内を流れている場合を考える．このとき，流体は常に系内に流体を押しこむための力学的仕事をしている．この押しこむ仕事を流れ仕事（flow work）といい，圧力 P と容積 V の積，PV で表される．この場合，内部エネルギー U と流れ仕事 PV を加えた状態量を考えると便利である．これをエンタルピー（enthalpy）といい，H [J] で表す．また h [J/kg] は比エンタルピー（specific enthalpy）を表す．

$$H = U + PV \tag{7.1}$$
$$h = u + Pv \tag{7.2}$$

c．理想気体

1 [kg] の気体の温度 T，圧力 P，容積 v の間に次の関係が成り立つ気体を理想気体（ideal gas）という．

$$Pv = RT \tag{7.3}$$

m [kg] の気体に対しては，$V = mv$ より，

$$PV = mRT = (m/M)R^*T \tag{7.4}$$

ここで，T は絶対温度，M は気体の分子量である．また，R [J/kg・K] をガス定数（gas constant），R^* を一般ガス定数（universal gas constant）といい，

$$R^* = 8314 \text{[J/kmol・K]}$$

である．式 (7.3)，(7.4) の関係は，分子間力や分子の大きさが無視できる気体で成り立ち，一般の温度，圧力下での空気，酸素，窒素などは近似的に理想気体として取り扱うことができる．

d. 熱力学の第一法則

熱力学の第一法則は「熱と仕事は本質的に同じものであり，ともにエネルギーの一種であって，熱を仕事に変えることも，またその逆もできる」と表現され，いわゆるエネルギー保存則を表したものである．

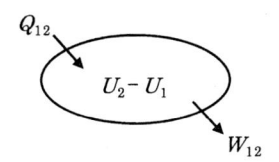

図 7.1 閉じた系のエネルギー授受

これを具体的に考えるために，まず図7.1に示すような，境界を通して周囲との物質の出入りがない閉じた系（closed system）を考える．この系に熱量 Q_{12} が加えられ，系内の物質は状態1から状態2に変化して，外部に対して仕事 W_{12} をしたとする．この場合，熱力学の第一法則は式（7.5）で表される．

$$U_2 - U_1 = Q_{12} - W_{12} \tag{7.5}$$

または，

$$dU = \delta Q - \delta W \tag{7.6}$$

状態量でない熱量 Q や仕事 W は，そのままでは数学的な取扱いができないので，それらの微小量をここでは δQ や δW と表現する．

次に，図7.2に示すような境界1，2を通して物質の出入りがある，開いた系（open system）に対しての熱力学の第一法則を考える．この系では物質が定常的に流れているので定常流れ系ともいう．この場合，境界1を通して系内にエンタルピー H_1 が入り，境界2を通してエンタルピー H_2 が出ていく．またその際に加えられた熱量を Q_{12}, 系が外部に対してした仕事を W_{t12} とすると，この場合の熱力学の第一法則は式（7.7）で表される．

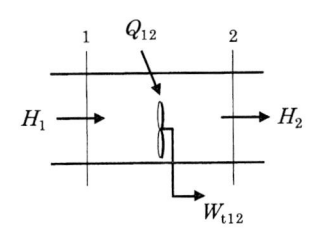

図 7.2 開いた系のエネルギー授受

$$H_2 - H_1 = Q_{12} - W_{t12} \tag{7.7}$$

または，

$$dH = \delta Q - \delta W_t \tag{7.8}$$

〔**例題 7.1**〕 ある状態の気体に 10 [kJ] の熱量が加えられ，かつ外部から 80 [kJ] の仕事がなされた．この気体の内部エネルギーの変化を求めよ．

〔**解**〕 式 (7.5) から，$U_2 - U_1 = 10 - (-80) = 90$ [kJ]．
すなわち，「内部エネルギーは 90 [kJ] 増加した」．

e．可逆変化と熱力学の第一法則

ここでは可逆変化を仮定して式 (7.5) と式 (7.7) を具体的に考える．図 7.3 に示すようなシリンダとピストンで構成された「閉じた系」を考える．この系に微小熱量 δQ が加わり，ピストンは摩擦なしで微小仕事 δW をして，系内の物質は状態 1 から状態 2 へ変化する「可逆過程」を考える．このときのピストンがした仕事 δW は，内部の圧力を P，ピストンの面積を A，ピストンの動いた距離を dx とすると，

$$\delta W = PAdx = PdV \tag{7.9}$$

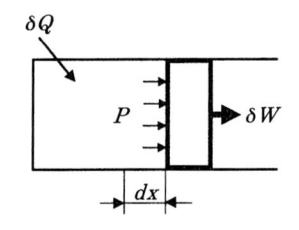

図 7.3 閉じた系の可逆仕事

すなわち，可逆変化を考えることにより，微小仕事が式 (7.9) の右辺で示されるように状態量の変化で表すことができ，数学的な取扱いができるようになった．よって，式 (7.9) の右辺を状態 1 から状態 2 まで積分することにより，その間にした仕事 W_{12} が求められる．

$$W_{12} = \int_1^2 PdV \tag{7.10}$$

式 (7.10) で表される仕事を絶対仕事 (absolute work) という．よって，閉じた系における熱力学の第一法則を表す式 (7.5) は「可逆過程」においては次式で表

される.

$$U_2 - U_1 = Q_{12} - \int_1^2 P dV \tag{7.11}$$

または,

$$dU = \delta Q - P dV \tag{7.12}$$

次に,「開いた系」に対しても「可逆変化」を仮定する. 式 (7.1) から,

$$dH = d(U+PV) = dU + d(PV) = dU + PdV + VdP \tag{7.13}$$

ここで, 可逆過程における式 (7.12) を式 (7.13) に代入することにより,

$$dH = \delta Q + VdP \tag{7.14}$$

または,

$$H_2 - H_1 = Q_{12} + \int_1^2 VdP \tag{7.15}$$

式 (7.14) または式 (7.15) が「可逆過程における開いた系」での熱力学の第一法則の式である. 式 (7.7) と式 (7.15) から, 開いた系において系がした仕事 W_{t12} は,

$$W_{t12} = -\int_1^2 VdP = \int_2^1 VdP \tag{7.16}$$

となり, W_{t12} を工業仕事(technical work)という. 絶対仕事 W_{12} と工業仕事 W_{t12} を P-V 線図 (圧力-容積線図) 上に表すと, それぞれ図 7.4 のようになる. すなわち絶対仕事 W_{12} は曲線 $1 \to 2$ の下の面積 $[1\text{-}V_1\text{-}V_2\text{-}2]$ で表され, 工業仕事 W_{t12} は曲線 $1 \to 2$ の左側の面積 $[1\text{-}P_1\text{-}P_2\text{-}2]$ で表される.

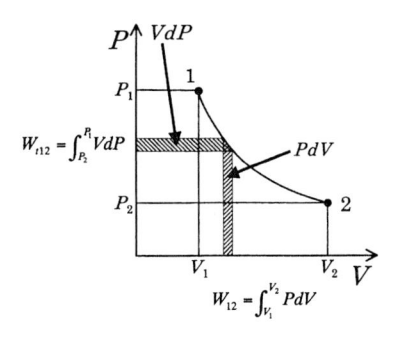

図 7.4 絶対仕事 W_{12} と工業仕事 W_{t12}

〔例題 7.2〕 シリンダとピストンで構成された系に容積 0.5 [m³] の気体が圧力 0.2 [MPa] で封入されている. この気体を圧力一定のまま 50 [kJ] の熱を外部に放熱

しながら容積を $0.1[\mathrm{m}^3]$ に圧縮した．このとき，気体の内部エネルギーの変化を求めよ．

〔解〕 圧縮仕事は，式 (7.10) から，

$$W_{12} = \int_1^2 PdV = P\int_1^2 dV = P(V_2 - V_1)$$
$$= 0.2 \times 10^6 \times (0.1 - 0.5) = -0.08 \times 10^6 [\mathrm{J}]$$

ここで，W_{12} が負であるということは，この系に W_{12} の仕事がされたことを意味する．内部エネルギーの変化は，式 (7.11) から

$$U_2 - U_1 = Q_{12} - \int_1^2 PdV = -50 \times 10^3 - (-0.08 \times 10^6) = 30 \times 10^3 [\mathrm{J}]$$

すなわち，「内部エネルギーは 30 [kJ] 増加した．」

f．可逆等容変化と可逆等圧変化

次に，種々の可逆変化について考える．まず，閉じた系の可逆等容変化，すなわち容積一定の容器内での変化を考える．この場合 $dV = 0$ であるので，式 (7.12) から，

$$dU = \delta Q \tag{7.17}$$

となり，加えられた熱量はすべて内部エネルギーの増加になる．

次に，開いた系の可逆等圧変化を考える．この場合，$dP = 0$ であるので，式 (7.14) から，

$$dH = \delta Q \tag{7.18}$$

となり，加えられた熱量はすべてエンタルピーの増加になる．この関係は，閉じた系の可逆等圧変化においても成り立つ．

ここで，等容変化と等圧変化における比熱について考える．質量 1[kg] の物体の温度を 1 [K] 上昇させるのに要する熱量を比熱 (specific heat) という．容積一定のもとでの比熱を定容比熱 (specific heat at constant volume) といい c_v [kJ/kg·K] で表す．c_v を式で表すと $(\delta q/dT)_v$ となり，式 (7.17) から，

$$c_v = (du/dT)_v \tag{7.19}$$

となる．同様に圧力一定のもとでの比熱を定圧比熱 (specific heat at constant pressure) といい c_p [kJ/kg·K] で表す．c_p は式 (7.18) から，

$$c_p = (dh/dT)_p \tag{7.20}$$

ところで，「任意の状態変化」における内部エネルギーとエンタルピーの変化を表す一般式はそれぞれ，

7.1 熱力学の第一法則

$$du = (\partial u/\partial T)_v dT + (\partial u/\partial v)_T dv = c_v dT + (\partial u/\partial v)_T dv \tag{7.21}$$
$$dh = (\partial h/\partial T)_p dT + (\partial h/\partial P)_T dP = c_p dT + (\partial h/\partial P)_T dP \tag{7.22}$$

となるが，「理想気体」の場合，実験により内部エネルギーは温度のみの関数であることが知られている（ジュールの法則；Joule's law）．また理想気体では式 (7.2) と式 (7.3) から，

$$h = u + Pv = u + RT \tag{7.23}$$

となるので，理想気体のエンタルピーも温度のみの関数である．よって，式 (7.21)，(7.22) において $(\partial u/\partial v)_T = 0$，$(\partial h/\partial P)_T = 0$ となり，以下の関係が成り立つ．

$$du = c_v dT \tag{7.24}$$
$$dh = c_p dT \tag{7.25}$$

すなわち，「理想気体の任意の状態変化」における内部エネルギーとエンタルピーの変化は式 (7.24)，(7.25) で表される．また，理想気体の c_v と c_p は温度のみの関数である．

さて，定容比熱と定圧比熱の比を比熱比（specific heat ratio）といい，γ で表す．

$$\gamma = c_p/c_v \tag{7.26}$$

ところで，「理想気体」では式 (7.23) から，

$$dh = du + d(RT) = c_v dT + R dT = c_p dT$$

よって，

$$c_p - c_v = R \tag{7.27}$$

また，

$$c_v = R/(\gamma - 1) \tag{7.28}$$
$$c_p = R\gamma/(\gamma - 1) \tag{7.29}$$

などの関係が得られる．物質は圧力一定のもとで受熱すると膨張して外部に膨張仕事をする．よって同じ温度上昇に対して，容積一定の場合より大きい熱量が必要となるので，$c_p > c_v$ となる．式 (7.27) から「理想気体」では c_p と c_v の差がガス定数 R であることがわかる．すなわち，式 (7.3) のガス定数 R は，気体 1[kg] を等圧のもとで温度を 1[K] 上昇させるときの膨張仕事を表す．また，$c_p > c_v$ より，比熱比 γ は必ず 1 より大きい．たとえば，単原子分子のヘリウム，アルゴンで $\gamma = 1.66$，2 原子分子の酸素，窒素で $\gamma = 1.40$，3 原子分子の二酸化炭素で $\gamma =$

1.30 である.

〔例題 7.3〕 容積 2 [m³] の圧力容器に, 温度 20 [℃] の空気が圧力 0.5 [MPa] で入っている. そこに外部より熱を加えて圧力を 1.2 [MPa] にした. 加えた熱量を求めよ. ただし空気は分子量 $M=28.96$, $c_v=0.716$ [kJ/kg·K] の理想気体とする.

〔解〕 容器中の空気の質量を m [kg], はじめの状態を 1, 終わりの状態を 2 とする. 式 (7.4) から,

$$m = \frac{PVM}{R^*T} = \frac{0.5 \times 10^6 \times 2 \times 28.96}{8314 \times (20+273.15)} = 11.88 [\text{kg}]$$

また, $P_1V_1=mRT_1$, $P_2V_2=mRT_2$ において, $V_1=V_2$ より,

$$T_2 = T_1\left(\frac{P_2}{P_1}\right) = (20+273.15) \times \frac{1.2}{0.5} = 703.56 [\text{K}] = 430.41 [℃]$$

等容変化では式 (7.17) から, 加えられた熱量 Q_{12} はすべて内部エネルギーの増加になるので,

$$Q_{12} = mdu = mc_vdT = 11.88 \times 0.716 \times (430.41-20) = \underline{3.49 \times 10^3 [\text{kJ}]}$$

g． 可逆等温変化

可逆変化の場合, 式 (7.12), (7.14) から,

$\delta Q = dU + PdV$

$\delta Q = dH - VdP$

また,「理想気体」では等温変化の場合, 式 (7.24), (7.25) から, $dU=0$, $dH=0$ となるので, 上の 2 式はそれぞれ次のようになる.

$\delta Q = PdV = \delta W$ \hfill (7.30)

$\delta Q = -VdP = \delta W_t$ \hfill (7.31)

すなわち,「理想気体の等温変化」の場合, 受熱量と系が外部に対してする仕事が等しくなる.

〔例題 7.4〕 温度 5 [℃] の空気を, 一定温度で容積を 1/5 に圧縮した. このとき空気 1 [kg] 当たりの熱の授受を求めよ. ただし空気はガス定数 $R=0.287$ [kJ/kg·K] の理想気体とする.

〔解〕 式 (7.30) から,

$$q_{12} = \int_1^2 Pdv = RT\int_1^2 \frac{dv}{v} = RT\ln\frac{v_2}{v_1}$$

$$= 0.287 \times (5+273.15)\ln\frac{1}{5} = -128 [\text{kJ/kg}]$$

よって,「128 [kJ/kg] の熱が奪われた.」

h． 可逆断熱変化

可逆変化の式 (7.12), (7.14) に断熱変化の関係, $\delta Q=0$ を代入すると,
$$dU = -PdV \tag{7.32}$$
$$dH = VdP \tag{7.33}$$
また, 「理想気体」では式 (7.24), (7.25) の関係があるので, 上の2式は気体の質量を m [kg] とすると, それぞれ次のようになる.
$$mc_v dT = -PdV$$
$$mc_p dT = VdP$$
これら2式の左右両辺をそれぞれ割ると,
$$\gamma = \frac{c_p}{c_v} = -\frac{V}{P}\frac{dP}{dV}$$
よって,
$$\frac{dP}{P} + \gamma \frac{dV}{V} = 0 \tag{7.34}$$
「γ が一定」のとき, 式 (7.34) は積分できて,
$$\left.\begin{array}{l} PV^\gamma = 一定 \\ TV^{\gamma-1} = 一定 \\ T/P^{(\gamma-1)/\gamma} = 一定 \end{array}\right\} \tag{7.35}$$
すなわち, 式 (7.35) は, 「理想気体」で「比熱が一定」のときの「可逆断熱変化」に対しての関係式である.

〔例題 7.5〕 圧力 0.1 [MPa], 温度 20 [℃] の空気 10 [m³] を 3.0 [MPa] まで断熱圧縮したときの容積と温度を求めよ. ただし空気は, 比熱比 $\gamma = 1.4$ の理想気体とする.

〔解〕 状態1から状態2に可逆断熱圧縮したとすると式 (7.35) から,
$$V_2 = V_1(P_1/P_2)^{1/\gamma} = 10 \times (0.1/3.0)^{1/1.4} = \underline{0.881 [\text{m}^3]}$$
$$T_2 = T_1(P_2/P_1)^{(\gamma-1)/\gamma} = (20+273.15) \times (3.0/0.1)^{(1.4-1)/1.4} = \underline{775[\text{K}]} = 502[℃]$$

7.2 熱力学の第二法則

熱力学の第一法則が, 熱と仕事に対するエネルギー保存則を表しているのに対して, 熱力学の第二法則はたとえばクラジウス (Clausius) の表現「熱が温度の低い物体から高い物体へ自然に移ることはない」に代表されるように, 熱エネルギーが移動したり, 変換されたりする際の方向を決める方向則と考えられる.

a. カルノーサイクルと熱効率

物質が,ある状態からいくつかの状態変化を行った後,再び元の状態に戻るとき,このような過程をサイクル (cycle) という.サイクルを構成するすべての過程が可逆過程から成るものを可逆サイクル (reversible cycle) といい,可逆サイクルの代表としてカルノーサイクル (Carnot cycle) がある.カルノーサイクルを $P\text{-}V$ 線図に描くと図 7.5 のようになり,以下の 4 つの可逆過程で構成されている.

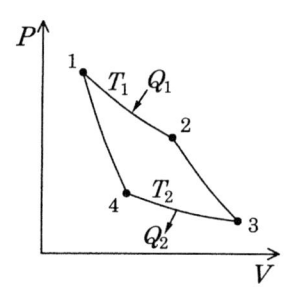

図 7.5 カルノーサイクル

状態 1 → 状態 2:等温膨張
状態 2 → 状態 3:断熱膨張
状態 3 → 状態 4:等温圧縮
状態 4 → 状態 1:断熱圧縮

すなわち,等温膨張過程で温度 T_1 の高熱源から熱量 Q_1 を受熱して,等温圧縮過程で温度 T_2 の低熱源に熱量 Q_2 を放熱する.よって,このサイクルを行うことにより,差し引き Q_1-Q_2 の熱量がこの系に加わったことになる.サイクルを行う場合,最初と最後の状態が等しいので,熱力学の第一法則の式 (7.5) からサイクル間に加えられた熱量と行った仕事 W_{cycle} が等しくなる.

$$Q_1 - Q_2 = W_{\text{cycle}} \tag{7.36}$$

このように高熱源から熱量 Q_1 をもらい,低熱源に熱量 Q_2 を捨てることにより,仕事 W_{cycle} をするものを熱機関 (heat engine) という.また,受熱した熱量 Q_1 の仕事 W_{cycle} への変換効率,W_{cycle}/Q_1 を熱効率 (thermal efficiency) といい,η で表す.

$$\eta = W_{\text{cycle}}/Q_1 = (Q_1-Q_2)/Q_1 = 1-(Q_2/Q_1) \tag{7.37}$$

サイクルをなす物質を作動流体 (working fluid) という.以下に,作動流体を比

熱一定の理想気体 m [kg] として，カルノーサイクルの熱効率を求める．

温度 T_1 の等温過程での受熱量 Q_1 は式 (7.30) から，

$$Q_1 = \int_1^2 PdV = mRT_1 \int_1^2 \frac{dV}{V} = mRT_1 \ln\frac{V_2}{V_1} \tag{7.38}$$

同様に，温度 T_2 の等温過程に対して，

$$Q_2 = \int_3^4 PdV = mRT_2 \ln\frac{V_4}{V_3} \tag{7.39}$$

ここで，$V_4 < V_3$ から Q_2 は負の値であるから，放熱量としては $-Q_2$ となることに注意しなければならない．状態 2 から 3 の断熱膨張と，状態 4 から 1 の断熱圧縮に対して式 (7.35) から，

$$T_1 V_2^{\gamma-1} = T_2 V_3^{\gamma-1}, \qquad T_2 V_4^{\gamma-1} = T_1 V_1^{\gamma-1} \tag{7.40}$$

式 (7.40) から $V_2/V_1 = V_3/V_4$ が得られる．この関係と式 (7.38)，(7.39) から，

$$\frac{Q_2}{Q_1} = \frac{T_2 \ln(V_4/V_3)}{T_1 \ln(V_2/V_1)} = -\frac{T_2}{T_1} \tag{7.41}$$

よって，

$$\eta = 1 - (-Q_2/Q_1) = 1 - (T_2/T_1) \tag{7.42}$$

このようにカルノーサイクルの熱効率は，高熱源の温度 T_1 と低熱源の温度 T_2 のみで決まり，温度 T_1，T_2 の熱源間で作動する熱機関のなかで最高の熱効率を示す重要なサイクルである．

〔例題 7.6〕 高熱源温度が 1500 [℃]，低熱源温度が 30 [℃] で作動するカルノーサイクル機関がある．この機関の熱効率を求めよ．また，1 サイクル当たり 10 [kJ] の熱量が供給されたとすると，1 サイクル当たりの仕事はどれだけか．

〔解〕 式 (7.42) から，熱効率 $\eta = 1 - \dfrac{30+273.15}{1500+273.15} = \underline{0.829}$

1 サイクル当たりの仕事 $W_{\text{cycle}} = 10 \times 0.829 = \underline{8.29 [\text{kJ}]}$

b．クラジウス積分とエントロピー

図 7.6 に示すように任意の可逆サイクルを多数の微小なカルノーサイクルで置き換える．各サイクルの高温側の温度を $T_1, T_1', T_1'', \cdots$，低温側の温度を $T_2, T_2', T_2'', \cdots$，微小な受熱量を $\delta Q_1, \delta Q_1', \delta Q_1'', \cdots$，微小な放熱量を $\delta Q_2, \delta Q_2', \delta Q_2'', \cdots$ とし，個々の微小なカルノーサイクルに対して式 (7.41) を適用すると，

$$\frac{\delta Q_1}{T_1} + \frac{\delta Q_2}{T_2} = 0, \qquad \frac{\delta Q_1'}{T_1'} + \frac{\delta Q_2'}{T_2'} = 0, \qquad \frac{\delta Q_1''}{T_1'} + \frac{\delta Q_2''}{T_2'} = 0, \qquad \cdots$$

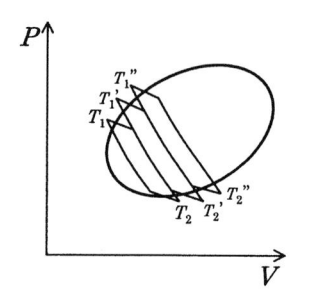

図 7.6 任意の可逆サイクルと微小なカルノーサイクル

これらの式をすべて加えると，

$$\sum \frac{\delta Q_1}{T_1} + \sum \frac{\delta Q_2}{T_2} = 0$$

これをサイクル全体にわたる閉積分を表す数学記号 $\oint$ で表現すると，

$$\oint \frac{\delta Q}{T} = 0 \tag{7.43}$$

となり，$\oint \delta Q/T$ をクラジウス積分（Clausius integral）という．

ここで，非可逆過程が含まれている非可逆サイクル（irreversible cycle）を考える．この場合の低熱源に捨てる熱量を $-\delta \tilde{Q}_2$ とすると，非可逆性のため，$-\delta \tilde{Q}_2$ が $-\delta Q_2$ より大きくなることを考慮すると，

$$-\delta Q_2 < -\delta \tilde{Q}_2$$

よって $\delta Q_2 > \delta \tilde{Q}_2$ となるので，

$$\frac{\delta Q_1}{T_1} + \frac{\delta \tilde{Q}_2}{T_2} < 0$$

すなわち，

$$\oint \frac{\delta Q}{T} < 0 \tag{7.44}$$

となる．式 (7.43) と式 (7.44) から，可逆サイクルの場合はクラジウス積分の値が 0 となり，非可逆サイクルでは負となることがわかる．

さて，図 7.7 に示すように状態 1 から経路 A を通り状態 2 になり，経路 B を通って状態 1 に戻る可逆サイクル $1 \rightarrow A \rightarrow 2 \rightarrow B \rightarrow 1$ を考える．可逆サイクルであるので，このサイクルに対するクラジウス積分は 0 となる．

7.2 熱力学の第二法則

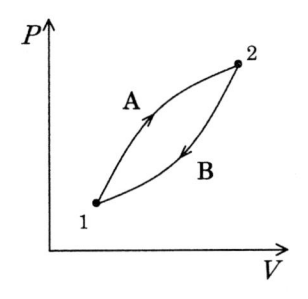

図 7.7 可逆サイクル

$$\oint \frac{\delta Q}{T} = \int_{1A}^{2} \frac{\delta Q}{T} + \int_{2B}^{1} \frac{\delta Q}{T} = 0$$

よって,

$$\int_{1A}^{2} \frac{\delta Q}{T} = \int_{1B}^{2} \frac{\delta Q}{T} \tag{7.45}$$

式 (7.45) は，積分値 $\int_{1}^{2} \delta Q/T$ がその経路に無関係であり，状態1と状態2のみで決まることを意味しており，状態量の1つであると考えられる．そこで，新たな状態量 S を導入すると，

$$dS = \frac{\delta Q}{T} \tag{7.46}$$

あるいは,

$$S_2 - S_1 = \int_{1}^{2} \frac{\delta Q}{T} \tag{7.47}$$

この S をエントロピー (entropy) といい単位は [J/K] となる．また s [J/kg·K] は比エントロピー (specific entropy) を表す．ここで重要なことは，エントロピーを与える積分経路は必ず可逆過程であるということである．「可逆断熱変化」に対しては式 (7.46) で $\delta Q=0$ であるから $dS=0$ となり，エントロピー一定の変化となるので，等エントロピー変化 (isentropic change) という．

次に経路に非可逆過程を含んでいる場合を考える．図 7.8 に示すように，ある系が非可逆過程で状態1から経路 A を通り状態2になり，可逆過程で状態2から経路 B を通って状態1に戻る非可逆サイクルを考える．この場合，式 (7.44) から，

$$\oint \frac{\delta Q}{T} = \int_{1A}^{2} \left(\frac{\delta Q}{T}\right)_{非可逆} + \int_{2B}^{1} \left(\frac{\delta Q}{T}\right)_{可逆} < 0$$

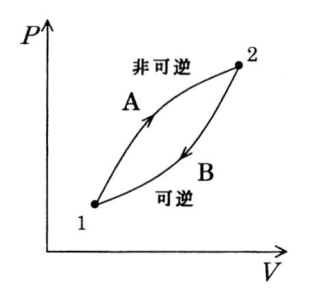

図 7.8 非可逆サイクル

よって，
$$\int_{1A}^{2}\left(\frac{\delta Q}{T}\right)_{\text{非可逆}} < \int_{1B}^{2}\left(\frac{\delta Q}{T}\right)_{\text{可逆}} \tag{7.48}$$
ここで，上式の右辺は $S_2 - S_1$ であるから，
$$\int_{1A}^{2}\left(\frac{\delta Q}{T}\right)_{\text{非可逆}} < S_2 - S_1 \tag{7.49}$$
よって，
$$\left(\frac{\delta Q}{T}\right)_{\text{非可逆}} < dS \tag{7.50}$$

ここで，周囲に対して断熱の系での非可逆変化を考えると，$\delta Q = 0$ であるから，式 (7.50) から $0 < dS$ となり，エントロピーは増加する．すなわち，一般の自然現象は非可逆変化を伴うので，必ずエントロピーが増加する方向に進むことがわかる．ここで，ようやく熱力学の第二法則である熱エネルギーの方向則がエントロピーという新しい状態量を導入することにより数式で表現できたことになる．

エントロピーの変化を表す式 (7.46) に「可逆変化」を表す式 (7.12)，または式 (7.14) を代入すると，
$$dS = (dU + PdV)/T \tag{7.51}$$
$$dS = (dH - VdP)/T \tag{7.52}$$
さらに「理想気体」の場合，式 (7.4) と式 (7.19) あるいは式 (7.20) を，式 (7.51)，(7.52) に代入すると，
$$dS = mc_v(dT/T) + mR(dV/V) \tag{7.53}$$
$$dS = mc_p(dT/T) - mR(dP/P) \tag{7.54}$$
となり，「理想気体の可逆変化」の場合，式 (7.53) または式 (7.54) によりエントロピーの変化が計算できることになる．

〔例題 7.7〕 空気 10 [kg] を 15 [℃] から 300 [℃] まで加熱するときのエントロピーの変化を，等容変化の場合と等圧変化の場合とでそれぞれ求めよ．ただし空気は $c_v=0.716$ [kJ/kg·K]，比熱比 $\gamma=1.40$ の理想気体とする．

〔解〕 等容変化の場合，式 (7.53) からエントロピーの変化 ΔS_v は，

$$\Delta S_v = mc_v \int_{15+273.15}^{300+273.15} \frac{dT}{T} = 10 \times 0.716 \times \ln\frac{300+273.15}{15+273.15} = \underline{4.92 [\text{kJ/K}]}$$

等圧変化の場合，エントロピーの変化 ΔS_p は式 (7.26)，(7.54) から，

$$\Delta S_p = mc_p \int \frac{dT}{T} = m\gamma c_v \int \frac{dT}{T} = \gamma \Delta S_v = 1.4 \times 4.92 = \underline{6.89 [\text{kJ/K}]}$$

7.3 ガスサイクルと内燃機関

ここでは，熱エネルギーから機械的仕事を得る熱機関とそれらの熱力学的サイクルについて考える．まず，熱機関は表 7.1 に示すように内燃機関 (internal combustion engine) と外燃機関 (external combustion engine) とに分けられる．内燃機関は燃焼ガスそのものがサイクルを担う作動流体となる熱機関である．一方外燃機関は，ボイラや原子炉で発生した熱エネルギーを熱交換器を介して作動流体に与えるものである．外燃機関の代表である蒸気動力プラントについては 7.5 節で述べる．

表 7.1 主な熱機関の分類

	燃焼状態	作動流体	理論サイクル	容 積 型	速 度 型
内燃機関	間欠燃焼	気体	定容サイクル	ガソリンエンジン ガスエンジン	
			定圧サイクル	ディーゼルエンジン	
			ブレイトンサイクル		ガスタービン
外燃機関	連続燃焼	気体 液体	ランキンサイクル		蒸気動力プラント

さて，ここでは内燃機関の代表であるガソリンエンジン，ディーゼルエンジン，ガスタービンについてその動作原理と熱力学的サイクルについて考える．なお，これらのサイクルは作動流体が気体であるため，ガスサイクル (gas cycle) という．

a. 等容サイクルと火花点火機関

　ガソリンエンジンに代表される火花点火機関 (spark ignition engine) の動作を図7.9に示す．ピストンはシリンダ内を上下に往復し，その動きはクランク機構により回転運動に変えられ，動力として取り出される．図7.9で，ピストンが一番上にありシリンダ容積が最小となるピストン位置を上死点 (top dead center, TDC) といい，その位置からクランク軸が180度回転し，ピストンが一番下にきてシリンダ容積が最大となるピストン位置を下死点 (bottom dead center, BDC) という．よって，ピストンは上死点と下死点の間を往復動することになる．このようなピストン，シリンダ系からなる内燃機関を往復動内燃機関 (reciprocating internal combustion engine)，または容積型という．図7.9を参照しながらその動作を説明する．まず，ピストンが上死点から下死点へと下降しながら，吸気弁から燃料（ガソリン，ガス燃料など）と空気を混合した混合気 (mixture) を吸入する(吸気行程)．次に，ピストンが下死点から上死点へと上昇して混合気を圧縮する(圧縮行程)．上死点において混合気は電気火花で点火され燃焼する．そして，燃焼ガスはピストンを下死点まで押しながら膨張する(燃焼・膨張行程)．最後にピストンが下死点から上死点へと上昇しながら排気弁から燃焼ガスを排気する(排気行程)．このように，燃料と空気をあらかじめ混合した上で燃焼させる燃焼形態を予混合燃焼 (premixed combustion) という．図7.9では吸気，圧縮，燃焼・膨張，排気の4つの動作をクランク軸2回転で行っている．これを4サイクル機関 (four-stroke cycle engine) といい，主に自動車用のガソリンエンジンに

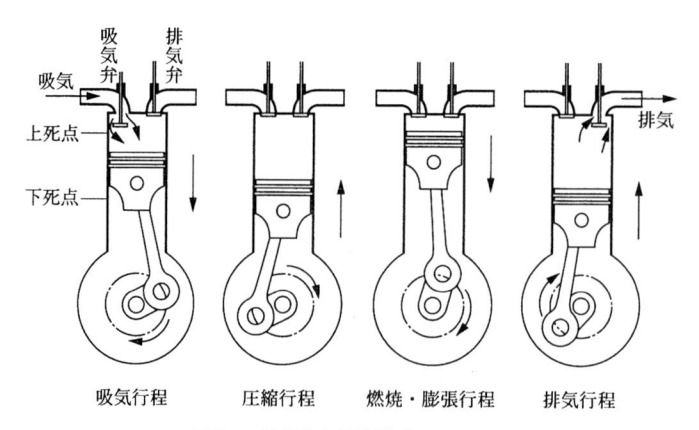

図 7.9　往復動内燃機関（4サイクル）

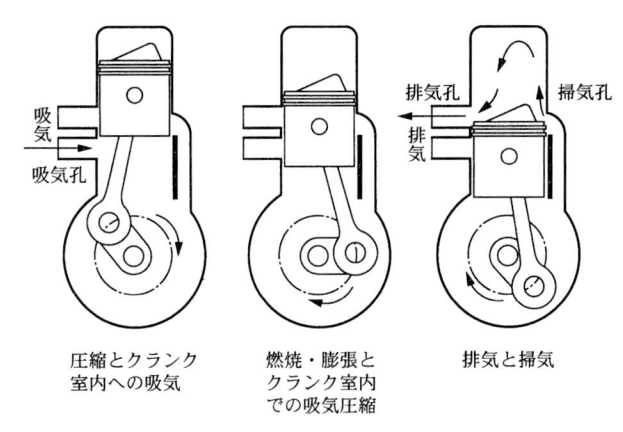

図中ラベル（左から）:
- 吸気 / 吸気孔 / 圧縮とクランク室内への吸気
- 燃焼・膨張とクランク室内での吸気圧縮
- 排気孔 / 排気 / 掃気孔 / 排気と掃気

図 7.10 往復動内燃機関（2サイクル）

使われている．一方，図 7.10 に示すように，クランク軸1回転ですべての動作が完了する2サイクル機関（two-stroke cycle engine）がある．これは圧縮とクランク室への吸気，燃焼・膨張とクランク室内の吸気の圧縮，排気と掃気というように，2つの動作を同時に行っている．ここで掃気（scavenging）とは，クランク室からシリンダへ混合気が流入すると同時に燃焼ガスをシリンダから排気する動作をいう．このように2サイクル機関は吸気弁と排気弁がなく構造が簡単である．また，4サイクル機関ではクランク軸が2回転で1回の燃焼が起こるのに対して，1回転で1回の燃焼が起こるので高出力が得られる．しかし，掃気期間に混合気が排気孔へ吹抜けるなどの欠点があり，現在では小型のスクータや芝刈り機など，使用用途が限られている．

さて，この火花点火機関の熱力学的サイクルについて考える．図 7.9，7.10 に示すように火花点火機関は機械的にはサイクル動作を行っているが，作動流体は最後に排気されてしまい最初の状態には戻らない（開放サイクル）．すなわち，熱力学的なサイクル（密閉サイクル）を行っていない．しかし熱力学的な検討を行うため，ここでは作動流体を空気とした密閉サイクルである空気標準サイクル（air standard cycle）を考える．空気標準サイクルでは以下のことを仮定する．

（1）作動流体の空気は，質量 m [kg] で比熱一定の理想気体とする．
（2）燃焼による発熱は[外部からの受熱]，燃焼ガスの排気は[外部への放熱]で置き換え，作動流体は初期状態に戻る密閉サイクルとする．
（3）状態変化はすべて可逆とする．

図7.11に火花点火機関の動作に対応した空気標準サイクルの P-V 線図を示す．状態1（下死点）からピストンで状態2（上死点）まで断熱圧縮する．上死点で容積一定のもとで熱量 Q_1 を受熱して，状態3へと圧力が上がる．状態3（上死点）から状態4（下死点）まで断熱膨張する．下死点で容積一定のもとで熱量 Q_2 を放熱して状態1へ戻る．火花点火機関では混合気があらかじめ準備されているので燃焼に要する時間が短く，上死点で容積一定のもとで瞬時に燃焼が完了すると考える．すなわち一定容積で受熱するので，このサイクルを等容サイクル(constant volume cycle)，あるいはオットーサイクル（Otto cycle）という．図7.12にこのサイクルの T-S 線図（温度-エントロピー線図）を示す．状態1から状態2と状態3から状態4の可逆断熱変化は等エントロピー変化となるので，T-S 線図上で横軸に垂直の線となる．

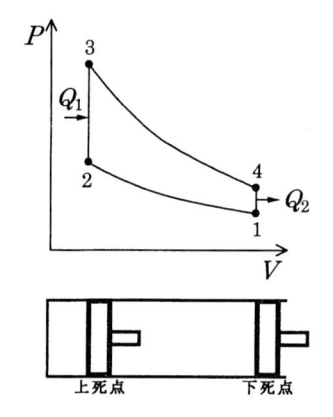

図7.11 定容サイクル（P-V 線図） **図7.12** 定容サイクル（T-S 線図）

以下に等容サイクルの熱効率を求める．熱効率 η は式 (7.37) から，$\eta = 1-(Q_2/Q_1)$ で表される．Q_1 と Q_2 は一定容積での受熱と放熱なので，式 (7.17) と式 (7.24) から，

$$Q_1 = mc_v(T_3 - T_2) \tag{7.55}$$

$$Q_2 = mc_v(T_4 - T_1) \tag{7.56}$$

よって，

$$\eta = 1 - \frac{mc_v(T_4 - T_1)}{mc_v(T_3 - T_2)} = 1 - \frac{T_4 - T_1}{T_3 - T_2} \tag{7.57}$$

状態1と状態2，状態3と状態4は可逆断熱変化であるので式 (7.35) から，

$$T_1 = T_2(V_2/V_1)^{\gamma-1} = T_2\varepsilon^{1-\gamma} \tag{7.58}$$
$$T_4 = T_3(V_3/V_4)^{\gamma-1} = T_3\varepsilon^{1-\gamma} \tag{7.59}$$

ここで $\varepsilon = (V_1/V_2)$ で，ε を圧縮比（compression ratio）という．圧縮比は，ピストンで容積 V_1 の作動流体を容積 V_2 に圧縮するときの容積の比である．なお，(V_4/V_3) の値も ε に等しく，膨張比という．式 (7.58) と式 (7.59) を式 (7.57) に代入すると，

$$\eta = 1 - \frac{T_4 - T_1}{T_3 - T_2} = 1 - \frac{(T_3 - T_2)\varepsilon^{1-\gamma}}{T_3 - T_2} = 1 - \left(\frac{1}{\varepsilon}\right)^{\gamma-1} \tag{7.60}$$

これが等容サイクルの熱効率を与える式である．ここで，作動流体は空気としたが（比熱比 $\gamma = 1.4$ で一定），比熱一定の理想気体であれば式 (7.60) は導かれる．よって式 (7.60) から，「等容サイクルの熱効率は供給熱量に関係なく，圧縮比 ε と作動流体の比熱比 γ のみの関数であり，それらが大きいほど大きくなる」という結論が得られる．すなわち，熱効率向上のためには圧縮比を上げればよいという重要な指針が熱力学的考察から得られたことになる．しかし実際のガソリンエンジンの場合，圧縮比は10前後にとどまっている．これは圧縮比が大きくなると圧縮後の温度・圧力が上がるので，ノック (knock) という異常燃焼が起こり，正常運転ができなくなるためである．ノックとは，混合気が勝手に燃焼を開始する自己着火 (autoignition) が起こり，それにより発生した圧力波がシリンダ内で引き起こす気柱振動でエンジンから「カリカリ」という金属音が発生する現象である．ノックがひどくなると，ピストンなどに損傷を与えることもある．

〔例題 7.8〕 等容サイクルにおいて，圧縮比 ε を 8 から 12 まで変化させたときの熱効率 η の変化をグラフ上に示せ．なお，比熱比は $\gamma = 1.4$ で一定とする．

〔解〕 式 (7.60) から等容サイクルの熱効率 η を，圧縮比 $\varepsilon = 8, 9, 10, 11, 12$ に対して求めると，

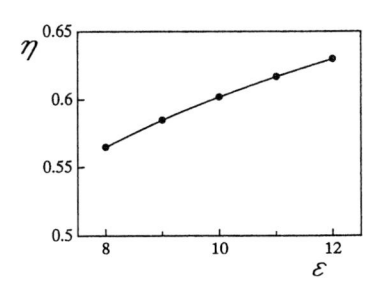

図 7.13 圧縮比 ε と熱効率 η

$\varepsilon=8 : \eta=1-(1/8)^{1.4-1}=0.565$
同様に,　$\varepsilon=9 : \eta=0.585,$　　$\varepsilon=10 : \eta=0.602$
　　　　$\varepsilon=11 : \eta=0.617,$　　$\varepsilon=12 : \eta=0.630$

b. 等圧サイクルと圧縮着火機関

　圧縮着火機関（compression ignition engine）はディーゼルエンジン（diesel engine）ともいわれ，ガソリンエンジンとともに往復動内燃機関を代表するものである．乗用車，バス，トラック用から大型のタンカ，定置発電機用まで広く利用されている．その動作は（吸気行程）でシリンダの中に空気のみを吸入し，ピストンで圧縮して高温・高圧にする（圧縮行程）．そこに，燃料噴射弁から燃料（軽油，重油）を高圧で噴射する．燃料は回りの高温の空気と混合，微粒化し噴霧として成長する．燃料噴霧中，蒸発して混合気を形成した部分が自己着火により燃焼が開始する．燃料噴射開始から自己着火までの時間を着火遅れ（ignition delay）という．このように自己着火で燃焼が開始し，その後に噴射された燃料は蒸発しながら空気と混合して燃焼していく（燃焼・膨張行程）．この燃焼形態を火花点火機関の予混合燃焼に対して拡散燃焼（diffusion combustion）という．膨張後は，火花点火機関と同様に外部へ排気する（排気行程）．このように圧縮着火機関では，圧縮により空気を燃料の自己着火温度以上にする必要があるので，火花点火機関より大きな圧縮比となっている．圧縮着火機関にも4サイクルと2サイクルがある．圧縮着火機関の場合，掃気ガスが空気だけなので排気への吹抜けも大きな問題とならないため，大型の舶用機関では主に2サイクルが用いられている．

　ここで，火花点火機関と同様に空気標準サイクルにより，圧縮着火機関の熱力学的サイクルについて考える．図7.14に圧縮着火機関のP-V線図を，また図7.15にそのT-S線図を示す．状態1（下死点）からピストンで状態2（上死点）まで断熱圧縮する．状態2から状態3まで圧力一定のもとで熱量Q_1を受熱する．状態3から状態4（下死点）まで断熱膨張する．下死点で容積一定のもとで熱量Q_2を放熱して状態1へ戻る．このサイクルは，一定圧力で受熱するので等圧サイクル（constant pressure cycle），あるいはディーゼルサイクル（Diesel cycle）という．これは，混合気が準備されていて瞬時に燃焼が完了すると考える等容サイクルと異なり，ピストン下降中にも燃料が噴射され燃焼が継続しているので，状態2から状態3へは等圧受熱過程と考えている．

7.3 ガスサイクルと内燃機関

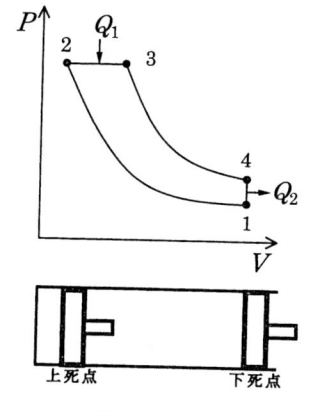

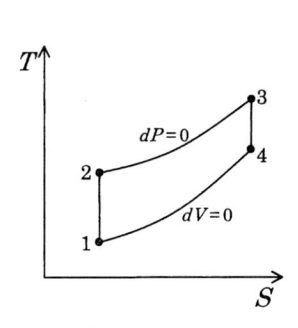

図 7.14 定圧サイクル（P-V 線図） **図 7.15** 定圧サイクル（T-S 線図）

以下に等圧サイクルの熱効率 η を求める．Q_1 は一定圧力での受熱，Q_2 は一定容積での放熱なので，式 (7.18) と式 (7.25)，式 (7.17) と式 (7.24) から，

$$Q_1 = mc_p(T_3 - T_2) \tag{7.61}$$

$$Q_2 = mc_v(T_4 - T_1) \tag{7.62}$$

よって，

$$\eta = 1 - \frac{Q_2}{Q_1} = 1 - \frac{mc_v(T_4 - T_1)}{mc_p(T_3 - T_2)} = 1 - \frac{c_v(T_4 - T_1)}{c_p(T_3 - T_2)} \tag{7.63}$$

ここで，状態 2 と状態 3 の容積の比 V_3/V_2 を σ で表す．

$$\sigma = V_3/V_2 = T_3/T_2 \tag{7.64}$$

σ は等圧膨張比（expansion ratio under constant pressure）または締切比（cut off ratio）と呼ばれ，受熱量（負荷の大きさに対応）に対応した値である．すなわち，Q_1 が大きくなると σ も大きくなる．状態 1 と状態 2，状態 3 と状態 4 は可逆断熱変化であるので式 (7.35) から，

$$T_1 = T_2(V_2/V_1)^{\gamma-1} = T_2 \varepsilon^{1-\gamma} \tag{7.65}$$

$$T_4 = T_3 \left(\frac{V_3}{V_4}\right)^{\gamma-1} = T_3 \left(\frac{V_3}{V_2}\frac{V_2}{V_4}\right)^{\gamma-1} = T_3 \left(\sigma \frac{1}{\varepsilon}\right)^{\gamma-1} = T_2 \sigma^\gamma \varepsilon^{1-\gamma} \tag{7.66}$$

式 (7.65) と式 (7.66) を式 (7.63) に代入して整理すると，

$$\eta = 1 - \left(\frac{1}{\varepsilon}\right)^{\gamma-1} \frac{\sigma^\gamma - 1}{\gamma(\sigma - 1)} \tag{7.67}$$

これが等圧サイクルの熱効率を与える式である．この場合，等圧サイクルの熱効率も等容サイクル同様，圧縮比 ε と作動流体の比熱比 γ が大きいほど大きくなる

が，さらに等圧膨張比 σ の関数にもなっている．そして，σ が小さいほど熱効率は大きくなり，その極限として $\sigma=1$ の場合は等容サイクルの熱効率と等しくなることがわかる．

〔例題7.9〕 等圧サイクルにおいて，圧縮比 ε を16，等圧膨張比 σ を2.0として，比熱比が $\gamma=1.3$ と $\gamma=1.4$ の場合の熱効率 η をそれぞれ算出せよ．

〔解〕 式 (7.67) から，$\gamma=1.3$ の場合，
$$\eta = 1 - \left(\frac{1}{16}\right)^{1.3-1} \frac{2^{1.3}-1}{1.3\times(2-1)} = \underline{0.510}$$

同様に $\gamma=1.4$ の場合，
$$\eta = 1 - \left(\frac{1}{16}\right)^{1.4-1} \frac{2^{1.4}-1}{1.4\times(2-1)} = \underline{0.614}$$

このように比熱比も熱効率に大きな影響を与えることがわかる．

c. ブレイトンサイクルとガスタービン

ガスタービン (gas turbine) の構成図を図7.16(a) に示す．ガスタービンは，往復動内燃機関が間欠的な動作をするのに対して，連続的に作動流体が流れるので，単位時間あたりに大量の作動流体を処理でき，速度型 (表7.1) と呼ばれている．速度型内燃機関は容積・質量当たりの出力が往復動内燃機関より圧倒的に大きいので，ガスタービンは軽くて大出力が必要な航空機用として主に利用されている．その動作は，まず空気を軸流圧縮機（または遠心圧縮機）で圧縮し，燃焼器に導入する．燃焼器では連続的に燃料が噴射され，等圧下で連続燃焼する．燃焼ガスは，軸流タービン（またはラジアルタービン）により回転仕事を発生させて，外部に排気される．回転仕事の一部は，圧縮機を駆動させるのに使われる．

ここでも図7.16(b) に示す空気標準サイクル（密閉サイクル）により，ガスタ

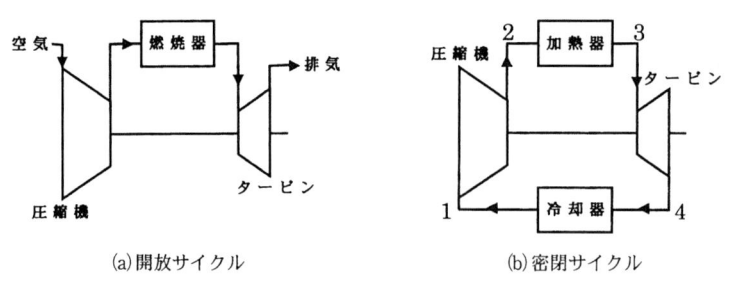

図 7.16 ガスタービン
(a) 開放サイクル
(b) 密閉サイクル

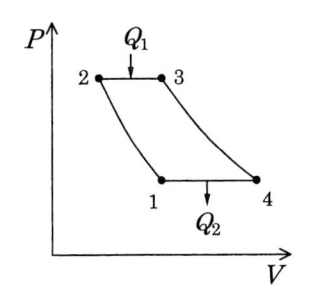

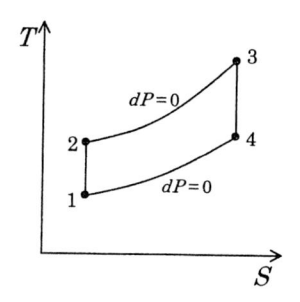

図 7.17a ブレイトンサイクル（P-V 線図）　**図 7.17b** ブレイトンサイクル（T-S 線図）

ービンの熱力学的サイクルについて考える．図 7.17a にガスタービンの P-V 線図を，また図 7.17b にその T-S 線図を示す．状態 1 から状態 2 まで圧縮機で断熱圧縮する．状態 2 から状態 3 まで圧力一定のもとで熱量 Q_1 を受熱する．状態 3 から状態 4 までタービンで断熱膨張する．そして，圧力一定のもとで熱量 Q_2 を放熱して状態 1 へ戻る．このサイクルはブレイトンサイクル（Brayton cycle），あるいはガスタービンサイクル（gas turbine cycle）と呼ばれる．以下にブレイトンサイクルの熱効率 η を求める．Q_1 と Q_2 は一定圧力での受熱と放熱なので，式 (7.18) と式 (7.25) から，

$$Q_1 = mc_p(T_3 - T_2) \tag{7.68}$$
$$Q_2 = mc_p(T_4 - T_1) \tag{7.69}$$

よって，

$$\eta = 1 - \frac{Q_2}{Q_1} = 1 - \frac{mc_p(T_4 - T_1)}{mc_p(T_3 - T_2)} = 1 - \frac{T_4 - T_1}{T_3 - T_2} \tag{7.70}$$

ここで，状態 1 と状態 2 の圧力の比 P_2/P_1 を φ で表す．

$$\varphi = P_2/P_1 (= P_3/P_4) \tag{7.71}$$

φ を圧力比（pressure ratio）といい，圧縮機で圧縮された圧力の程度を表す．状態 1 と状態 2，状態 3 と状態 4 は可逆断熱変化であるので，式 (7.35) から，

$$T_2 = T_1(P_2/P_1)^{(\gamma-1)/\gamma} = T_1 \varphi^{(\gamma-1)/\gamma} \tag{7.72}$$
$$T_3 = T_4(P_3/P_4)^{(\gamma-1)/\gamma} = T_4 \varphi^{(\gamma-1)/\gamma} \tag{7.73}$$

式 (7.72) と式 (7.73) を式 (7.70) に代入して整理すると，

$$\eta = 1 - \left(\frac{1}{\varphi}\right)^{(\gamma-1)/\gamma} \tag{7.74}$$

これがブレイトンサイクルの熱効率を与える式である．よってブレイトンサイク

ルの熱効率は，等容サイクルの熱効率と同様に供給熱量に関係なく，圧力比 φ と作動流体の比熱比 γ のみの関数であり，それらが大きいほど大きくなる．

〔例題 7.10〕 ブレイトンサイクルの熱効率が，比熱比と圧力比の関数として表せることを示したが，圧縮前の温度 T_1 と圧縮後の温度 T_2 でも表せることを示せ．

〔解〕 式 (7.72) から，$\varphi^{(\gamma-1)/\gamma} = T_2/T_1$．
よって式 (7.74) から，

$$\eta = 1 - \left(\frac{1}{\varphi}\right)^{(\gamma-1)/\gamma} = 1 - \frac{T_1}{T_2}$$

Tea Time

熱力学と熱機関を担当しました．熱力学ではいきなり状態量，内部エネルギー，エンタルピー，熱力学の第一法則など，語句の説明から入り少々威圧的だったかと思います．反省しています．少ないページで厳密性を保ちながら記述することの難しさを感じました．ここで説明した熱力学は，いわゆる古典理論であり，現象をマクロ的にみたものです．一方，現象をミクロ的な立場，すなわち原子や分子の挙動にまで入り込み，それらを統計的に取り扱う統計熱力学という分野があります．もっと本質的に現象をみたい人は踏みこんでいくとよいでしょう．

さて私の専門は燃焼で，とくにエンジン内での燃焼を中心に研究しています．残念なことに本書では，熱機関の代表的な理論サイクルの紹介に終わり，具体的なエンジンの話や燃焼の話はできませんでした．ただ，理論サイクルと実際のエンジンとの架け橋として「予混合燃焼」，「拡散燃焼」，「ノック」，「自己着火」など燃焼の話をほんの少し入れました．

ところで今やエンジンはパワーを出せばよいという時代ではなく，環境問題とエネルギー問題という大きな2つの課題を同時に解決しなければ葬り去られようとしています．炭化水素燃料を燃やすエンジンにとって二酸化炭素による地球の温暖化は頭が痛いところです．現在，当面の課題として，ガソリンエンジンにおいては熱効率の向上，ディーゼルエンジンにおいては排気ガスの浄化，とくに窒素酸化物とすすなどの微粒子の同時低減があります．そんな折り，燃料電池を搭載した燃料電池車が，試作車とはいえ走り出しました．普及はまだまだですが，いわゆるエンジン屋さんにとっては驚異となっています．もちろんエンジン屋さんも生き残りを賭けて，新しい発想のもとにエンジンを考えています．その結果，ガソリンエンジンではリーンバーンエンジンや直接噴射成層吸気エンジンの実用化，ガソリンエンジンと電気モータの両者を搭載して，両方の長所を取り出すハイブリッド車，またディーゼルエンジンでは新しい燃焼方式としての予混合圧縮着火エンジンの試みなどがあります．私の研究もこれらの新技術に少しでも役立てればと考えています．

7.4 蒸気の性質

熱力学においては，状態変化の過程において気相と液相の間の相変化を経験し，気相と液相のみならず気相と液相の混合体をしばしば取り扱う物質を，蒸気 (vapor) と呼んでいる．

工業上重要な蒸気として水（水蒸気）があげられるが，ほかに冷凍機などの冷媒に用いられるフロンなどがある．ここでは，純物質の蒸気について説明する．

なお，蒸気の熱力学において，示量性状態量を記述する場合，通常，基本的に，蒸気1kg当たりの量で記述する．たとえば，比体積 v，比エンタルピー h，比エントロピー s などである．また，これにあわせて，状態変化における熱量と仕事についても，蒸気1kg当たりの量を取り扱う．その際，熱量 q，絶対仕事 w，工業仕事 l（本節と次節では w_t ではなく l を用いる）のように小文字で記述する．蒸気に関する本節と次節でも，これにならう．

a. 蒸気の基本的性質

図 7.18 は蒸気の状態を概念的に示したものである（P-v 線図・T-s 線図）．

点1の状態にある低温の液体を，圧力一定のもとで加熱して，点2の状態の高温の気体まで変化させる過程を考える（図中実線で示す）．点1から加熱すると，液体の温度が上昇するとともに比体積がわずかに増加して，点dに達する．点dで

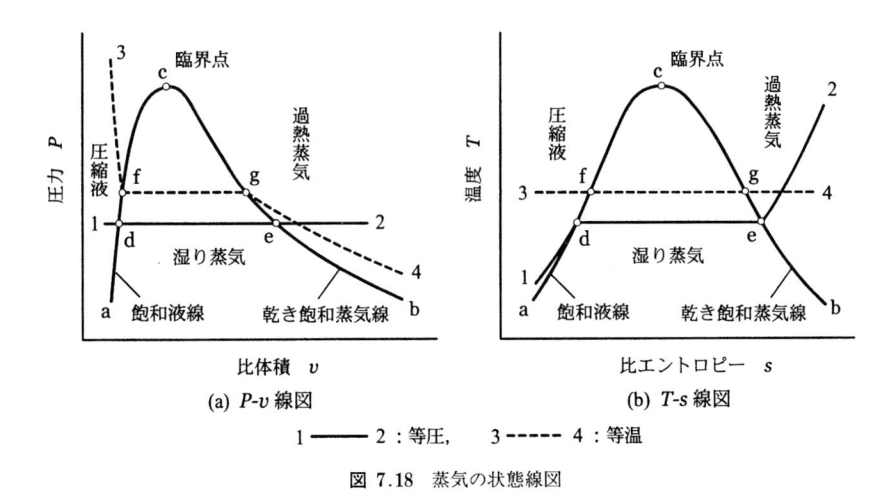

(a) P-v 線図　　(b) T-s 線図

1 ——— 2：等圧，　3 ----- 4：等温

図 7.18　蒸気の状態線図

さらに加熱すると，液の一部が蒸発し始めて気体の蒸気が発生する．この温度を飽和温度(saturation temperature)といい，そのときの圧力を飽和圧力(saturation pressure)という．また，点 d の状態は飽和液（saturated liquid）と呼ばれる．

点 d からさらに加熱すると，点 d から点 e までは，温度は一定のまま，加えられた熱は液の蒸発のみに使われる．このため，比体積は急激に増大する．蒸発につれて，液の量は次第に少なくなり，点 e に達すると，ついにすべての液が蒸発して気体の蒸気のみになる．点 e の状態を乾き飽和蒸気（dry saturated vapor）（あるいは単に飽和蒸気（saturated vapor））という．点 d と点 e の間の状態は，飽和液と乾き飽和蒸気が混在した状態で，湿り蒸気（wet vapor）と呼ばれる．湿り蒸気では，含まれる飽和液と乾き飽和蒸気の割合に無関係に，そのときの圧力（飽和圧力）に対応した一定の飽和温度に保たれる．

点 e からさらに加熱すると，蒸気の温度は上昇し比体積も増大して，点 2 に達する．この状態を，圧力に対応する飽和温度より高い温度にあることから，過熱蒸気（superheated vapor）と呼ぶ．一方，点 1 の状態の液は，その温度に対する飽和圧力より高い圧力にあるので，圧縮液（compressed liquid）と呼ばれる．

以上の状態変化を圧力を変えて行い，点 d と点 e に相当する点をそれぞれつなぐと，ac 線および bc 線が得られる．ac 線は飽和液線（saturated liquid line），bc 線は乾き飽和蒸気線（dry saturated vapor line）という．これらの線の間の湿り蒸気域は，圧力が高くなる（したがって温度も高くなる）につれて，間隔が次第に狭くなり，ついに点 c で飽和液線と乾き飽和蒸気線が一致する．この点 c を臨界点（critical point）と呼び，この点の圧力，温度および比体積をそれぞれ臨界圧力（critical pressure），臨界温度（critical temperature），臨界比体積（critical specific volume）という．臨界圧力より高い圧力（超臨界圧という）あるいは臨界温度より高い温度においては，液体と気体の共存状態は存在しない．

b. 蒸気の状態量

蒸気の状態量の間の関係，たとえば P-v-T の関係は，理想気体のように簡単な数式で表すことができない．したがって，実用上の便宜のため，蒸気の各状態量を表（蒸気表という）あるいは線図（蒸気線図）にして表したものが用意されている．蒸気線図には，P-v 線図，T-s 線図のほかに h-s 線図，P-h 線図などがある．実用上最も重要である水（水蒸気）の蒸気表を表 7.2 に示す．蒸気表には，

7.4 蒸気の性質

表 7.2 水の蒸気表(日本機械学会, 1999より)[4]

(a) 飽和表(温度基準)

温度 [°C]	圧力 [MPa]	比体積 [m³/kg]		比エンタルピー [kJ/kg]			比エントロピー [kJ/kg·K]	
T	P	v'	v''	h'	h''	$r = h'' - h'$	s'	s''
0	0.0006112	0.0010002	206.1	−0.04	2500.9	2500.9	−0.0002	9.1558
10	0.0012282	0.0010004	106.3	42.02	2519.2	2477.2	0.1511	8.8999
20	0.002339	0.0010018	57.76	83.92	2537.5	2453.6	0.2965	8.6661
40	0.007384	0.0010079	19.52	167.54	2573.5	2406.0	0.5724	8.2557
60	0.019946	0.0010171	7.668	251.15	2608.9	2357.7	0.8312	7.9082
80	0.04742	0.0010290	3.405	334.95	2643.0	2308.1	1.0754	7.6110
100	0.10142	0.0010435	1.672	419.10	2675.6	2256.5	1.3070	7.3541
150	0.4761	0.0010905	0.3925	632.25	2745.9	2113.7	1.8420	6.8370
200	1.5547	0.0011565	0.1272	852.39	2792.1	1939.7	2.3308	6.4303
250	3.9759	0.0012517	0.05009	1085.7	2801.0	1715.3	2.7934	6.0722
300	8.5877	0.0014042	0.02166	1344.8	2749.6	1404.8	3.2547	5.7058
350	16.529	0.0017401	0.008801	1670.9	2563.6	892.7	3.7783	5.2109
373.95	22.064	0.003106	0.003106	2087.6	2087.6	0.0	4.4120	4.4120

(b) 飽和表(圧力基準)

圧力 [MPa]	温度 [°C]	比体積 [m³/kg]		比エンタルピー [kJ/kg]			比エントロピー [kJ/kg·K]	
P	T	v'	v''	h'	h''	$r = h'' - h'$	s'	s''
0.001	6.97	0.0010001	129.18	29.30	2513.7	2484.4	0.1059	8.9749
0.002	17.50	0.0010014	66.99	73.43	2532.9	2459.5	0.2606	8.7227
0.005	32.88	0.0010053	28.19	137.77	2560.8	2423.0	0.4763	8.3939
0.01	45.81	0.0010103	14.67	191.81	2583.9	2392.1	0.6492	8.1489
0.02	60.06	0.0010171	7.648	251.40	2609.0	2357.6	0.8320	7.9072
0.05	81.32	0.0010299	3.240	340.48	2645.2	2304.7	1.0910	7.5930
0.10	99.61	0.0010432	1.694	417.44	2675.0	2257.5	1.3026	7.3588
0.2	120.21	0.0010605	0.8857	504.68	2706.2	2201.6	1.5301	7.1269
0.5	151.84	0.0010926	0.3748	640.19	2748.1	2107.9	1.8606	6.8206
1.0	179.89	0.0011272	0.1943	762.68	2777.1	2014.4	2.1384	6.5850
2.0	212.38	0.0011768	0.09958	908.62	2798.4	1889.8	2.4470	6.3392
5.0	263.94	0.0012864	0.03945	1154.5	2794.2	1639.7	2.9208	5.9737
10.0	311.00	0.0014526	0.01803	1407.9	2725.5	1317.6	3.3603	5.6159
15.0	342.16	0.0016570	0.010340	1610.2	2610.9	1000.7	3.6845	5.3108
20.0	365.75	0.0020387	0.005858	1827.1	2411.4	584.3	4.0154	4.9299
22.064	373.95	0.003106	0.003106	2087.6	2087.6	0.0	4.4120	4.4120

表 7.2 つづき
(c) 圧縮水および過熱蒸気の比体積，比エンタルピー，比エントロピー

圧力 [MPa] (飽和温度 [°C])		温度 [°C]									
		50	100	150	200	250	300	350	400	500	600	800
0.005 (32.88)	v h s	29.78 2593.4 8.4976	34.42 2688.1 8.7700	39.04 2783.4 9.0097	43.66 2879.8 9.2251	48.28 2977.4 9.4216	52.90 3076.9 9.6027	57.52 3177.6 9.7713	62.13 3280.0 9.9293	71.36 3489.7 10.2197	80.59 3706.3 10.4830	99.06 4160.6 10.9510
0.01 (45.81)	v h s	14.87 2592.0 8.1741	17.20 2687.4 8.4488	19.51 2783.0 8.6892	21.83 2879.6 8.9048	24.14 2977.5 9.1014	26.45 3076.7 9.2827	28.76 3177.5 9.4513	31.06 3279.9 9.6093	35.68 3489.7 9.8997	40.30 3706.3 10.1631	49.53 4160.6 10.6311
0.05 (81.32)	v h s	0.0010121 209.4 0.7038	3.419 2682.4 7.6952	3.890 2780.2 7.9412	4.356 2877.8 8.1591	4.821 2976.2 8.3568	5.284 3075.8 8.5386	5.747 3176.8 8.7076	6.210 3279.3 8.8658	7.134 3489.2 9.1565	8.058 3706.0 9.4200	9.905 4160.4 9.8882
0.1 (99.61)	v h s	0.0010121 209.4 0.7038	1.696 2675.8 7.3610	1.937 2776.6 7.6147	2.173 2875.5 7.8356	2.406 2974.5 8.0346	2.639 3074.5 8.2171	2.871 3175.8 8.3865	3.103 3278.5 8.5451	3.566 3488.7 8.8361	4.028 3705.6 9.0998	4.952 4160.2 9.5681
0.2 (120.21)	v h s	0.0010121 209.5 0.7037	0.0010434 419.2 1.3069	0.9599 2769.1 7.2809	1.081 2870.8 7.5081	1.199 2971.3 7.7100	1.316 3072.1 7.8940	1.433 3173.9 8.0643	1.549 3277.0 8.2235	1.781 3487.6 8.5151	2.013 3704.8 8.7792	2.476 4159.8 9.2479
0.5 (151.84)	v h s	0.0010119 209.8 0.7036	0.0010433 419.4 1.3067	0.0010905 632.3 1.8419	0.4250 2855.9 7.0611	0.4744 2961.1 7.2726	0.5226 3064.6 7.4614	0.5701 3168.1 7.6345	0.6173 3272.3 7.7954	0.7110 3484.4 8.0891	0.8041 3702.5 8.3543	0.9897 4158.4 8.8240
1.0 (179.89)	v h s	0.0010117 210.2 0.7033	0.0010430 419.8 1.3063	0.0010902 632.6 1.8414	0.2060 2828.3 6.6955	0.2327 2943.2 6.9266	0.2580 3051.7 7.1247	0.2825 3158.2 7.3028	0.3066 3264.4 7.4668	0.3541 3479.0 7.7640	0.4011 3698.6 8.0309	0.4944 4156.1 8.5024
2.0 (212.38)	v h s	0.0010113 211.1 0.7029	0.0010425 420.5 1.3055	0.0010895 633.2 1.8403	0.0011561 852.6 2.3301	0.1115 2903.2 6.5474	0.1255 3024.3 6.7685	0.1386 3137.6 6.9582	0.1512 3248.2 7.1290	0.1757 3468.1 7.4335	0.1996 3690.7 7.7042	0.2467 4151.6 8.1791
5.0 (263.94)	v h s	0.0010099 213.6 0.7015	0.0010410 422.8 1.3032	0.0010875 635.1 1.8369	0.0011530 853.8 2.3254	0.0012499 1085.7 2.7909	0.04535 2925.6 6.2109	0.05197 3069.3 6.4515	0.05784 3196.6 6.6481	0.06858 3434.5 6.9778	0.07870 3666.8 7.2604	0.09815 4137.9 7.7459
10.0 (311.00)	v h s	0.0010078 217.9 0.6992	0.0010385 426.6 1.2994	0.0010842 638.2 1.8315	0.0011482 855.9 2.3177	0.0012412 1085.7 2.7791	0.0013980 1343.1 3.2484	0.02244 2924.0 5.9458	0.02644 3097.4 6.2139	0.03281 3375.1 6.5993	0.03838 3625.8 6.9045	0.04862 4114.7 7.4087
20.0 (365.75)	v h s	0.0010035 226.5 0.6946	0.0010337 434.1 1.2918	0.0010779 644.5 1.8209	0.0011390 860.4 2.3030	0.0012254 1086.6 2.7572	0.0013611 1334.1 3.2087	0.001665 1646.0 3.7288	0.009950 2816.8 5.5525	0.01479 3241.2 6.1145	0.01818 3539.2 6.5077	0.02387 4067.7 7.0534
50.0 —	v h s	0.0009914 252.0 0.6810	0.0010201 456.9 1.2703	0.0010608 664.1 1.7914	0.0011149 875.3 2.2631	0.0011871 1093.4 2.7012	0.0012879 1323.7 3.1214	0.0014424 1576.0 3.5430	0.0017309 1874.3 4.0028	0.003889 2722.5 5.1759	0.006109 3252.6 5.8245	0.009074 3926.0 6.5226

比体積 v [m³/kg], 比エンタルピー h [kJ/kg], 比エントロピー s [kJ/kg·K]

飽和液と乾き飽和蒸気の性質を示す飽和表（温度基準と圧力基準がある）と，飽和域以外の性質を示す圧縮液と過熱蒸気の表がある．飽和表に示すように，飽和液および乾き飽和蒸気の状態量は，それぞれ「′」と「″」の添字を付して表す．

湿り蒸気では，飽和液と乾き飽和蒸気の共存する割合として，湿り蒸気全体の質量に対する乾き飽和蒸気の質量の比率が用いられる．この質量比は乾き度（dryness fraction あるいは quality）と呼ばれ，通常 x で表される．残る飽和液の質量比 $1-x$ を湿り度（wetness fraction）という．

湿り蒸気の比体積 v，比エンタルピー h および比エントロピー s は，乾き度 x と共存する飽和液と乾き飽和蒸気の各状態量 v', h', s' および v'', h'', s'' を用いて，次のように表される．

$$v = (1-x)v' + xv'' = v' + x(v''-v') \tag{7.75}$$

$$h = (1-x)h' + xh'' = h' + x(h''-h') = h' + xr \tag{7.76}$$

$$s = (1-x)s' + xs'' = s' + x(s''-s') = s' + xr/T \tag{7.77}$$

ここに，$r = h'' - h'$ は蒸発潜熱（latent heat of vaporization），T は飽和温度である．湿り蒸気全体の状態量，たとえば体積は，上式の比体積に湿り蒸気の質量を乗じて求められる．比内部エネルギー u は $u = h - Pv$ の関係により計算する．

c. 蒸気の状態変化

蒸気の状態変化は，蒸気表から以下の例のように容易に計算できる．

〔例題 7.11〕 圧力 1.0 MPa，乾き度 0.7 の水蒸気 1 kg が，等圧のもとで，体積が 2 倍になるまで膨張する．閉じた系として，最終状態の温度，系に加えられた熱量および系がなした仕事を求めよ．

〔解〕 $P_1 = P_2 = P$ で，$q_{12} = (u_2 - u_1) + w_{12} = (u_2 - u_1) + P(v_2 - v_1) = h_2 - h_1$.

初期状態は，$P_1 = 1.0$ [MPa], $x_1 = 0.7$. 圧力基準の飽和表から，

$v_1' = 0.0011272$ [m³/kg], $v_1'' = 0.1943$ [m³/kg]

$h_1' = 762.68$ [kJ/kg], $h_1'' = 2777.1$ [kJ/kg]

ここに，状態量の右に付した「$_1'$」と「$_1''$」の添字は，状態 1 と同じ圧力の飽和液および乾き飽和蒸気の状態量であることを示す．

$v_1 = v_1' + x_1(v_1'' - v_1') = 0.0011 + 0.7 \times (0.1943 - 0.0011) = 0.1363$ [m³/kg]

$h_1 = h_1' + x_1(h_1'' - h_1') = 762.7 + 0.7 \times (2777.1 - 762.7) = 2172.8$ [kJ/kg]

最終状態は，$P_2 = P_1 = 1.0$ [MPa], $v_2 = 2v_1 = 2 \times 0.1363 = 0.2726$ [m³/kg], $v_2 > v_2'' = v_1'' = 0.1943$ [m³/kg]．したがって，最終状態は過熱蒸気である．

過熱蒸気表から，圧力 1.0 [MPa] のとき,
  $T=300℃$ で, $v=0.2580[m^3/kg]$, $h=3051.7[kJ/kg]$
  $T=350℃$ で, $v=0.2825[m^3/kg]$, $h=3158.2[kJ/kg]$
$v_2=0.2726\ [m^3/kg]$ をはさむこの2点の間で内挿する．

$$\frac{0.2726-0.2580}{0.2825-0.2580}=0.5959$$

$T_2=300+0.5959×(350-300)=\underline{330[℃]}$
$h_2=3051.7+0.5959×(3158.2-3051.7)=3115.2[kJ/kg]$
$q_{12}=h_2-h_1=3115.2-2172.8=\underline{942.4[kJ/kg]}$
$w_{12}=P(v_2-v_1)=1.0×10^3×(0.2726-0.1363)=\underline{136.3[kJ/kg]}$

〔例題 7.12〕 圧力 5.0 MPa，温度 300℃ の水蒸気 1 kg が，圧力 0.1 MPa まで可逆断熱膨張する．このとき，蒸気がなす工業仕事を求めよ．

〔解〕 断熱条件から， $q_{12}=(h_2-h_1)+l_{12}=0$. よって，$l_{12}=h_1-h_2$.
初期状態は，$P_1=5.0[MPa]$, $T_1=300[℃]$. 過熱蒸気表から,
  $v_1=0.04535[m^3/kg]$, $h_1=2925.6[kJ/kg]$, $s_1=6.2109[kJ/kg·K]$
最終状態は，$P_2=0.1[MPa]$ で, $s_2=s_1=6.2109[kJ/kg·K]$.
飽和表から，$P_2=0.1[MPa]$ では，
  $h_2'=417.44[kJ/kg]$, $h_2''=2675.0[kJ/kg]$
  $s_2'=1.3026[kJ/kg·K]$, $s_2''=7.3588[kJ/kg·K]$
  $s_2'<s_2<s_2''$
したがって，最終状態は湿り蒸気である．

$x_2=\dfrac{s_2-s_2'}{s_2''-s_2'}=\dfrac{6.2109-1.3026}{7.3588-1.3026}=0.8105$

$h_2=h_2'+x_2(h_2''-h_2')=417.4+0.8105×(2675.0-417.4)=2247.2[kJ/kg]$
$l_{12}=h_1-h_2=2925.6-2247.2=\underline{678.4[kJ/kg]}$

7.5 蒸気サイクル

本節では，蒸気を作動流体とするサイクルについて述べる．

a．蒸気動力サイクル

蒸気を作動流体として動力を発生する蒸気動力サイクルは，火力発電所など蒸気動力プラントで用いられる．その基本サイクルがランキンサイクル（Rankine cycle）である．蒸気を用いる場合，理想的熱機関サイクルであるカルノーサイク

7.5 蒸気サイクル

ルの断熱圧縮および断熱膨張の過程を湿り蒸気域で効率よく実現することは困難である．そこで，ランキンサイクルでは，断熱圧縮を液相域で，断熱膨張を主として過熱蒸気域で行う．実際には，サイクルの熱効率を向上させるために，ランキンサイクルを改良した再熱サイクル (reheat cycle) や再生サイクル (regenerative cycle) およびこれらを組み合わせた再熱再生サイクルが利用される．作動流体には通常水が用いられる．

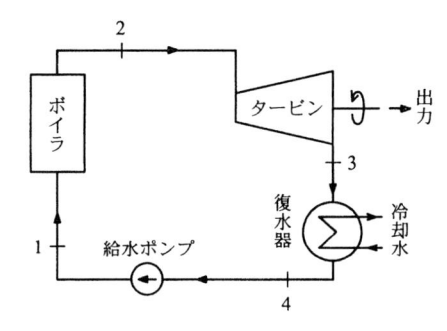

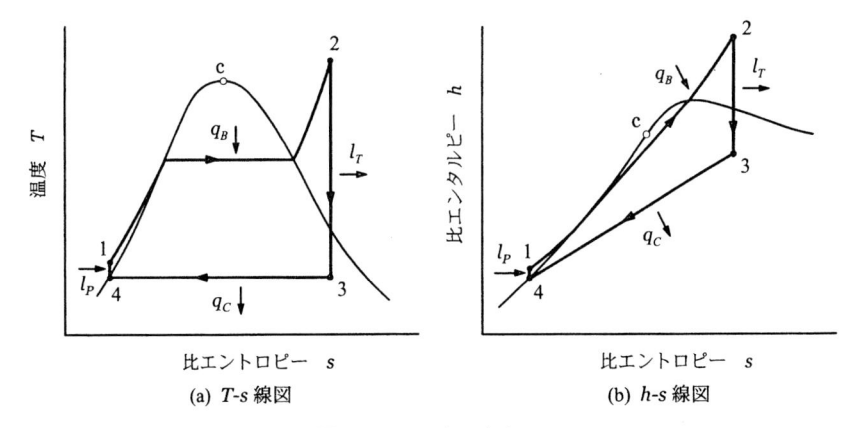

（1）ランキンサイクル

ランキンサイクルの基本構成を図 7.19 に，またその T-s 線図と h-s 線図を図 7.20 に示す．作動流体である水は，まず，給水ポンプにより低圧の飽和液の状態から断熱圧縮され($4 \to 1$)，高圧の液の状態でボイラに送られる．ボイラでは，燃料の燃焼熱などにより等圧で加熱されて($1 \to 2$)，高温高圧の過熱蒸気となる．過

図 7.19 ランキンサイクルの基本構成

(a) T-s 線図　　(b) h-s 線図

図 7.20 ランキンサイクル

熱蒸気は，蒸気タービンに入り，断熱膨張して（2→3）動力を発生する．タービンを出た低温低圧の湿り蒸気は，復水器（コンデンサ）で等温等圧のもとで冷却・凝縮されて，もとの飽和液に戻る（3→4）．

蒸気1kg当たりでは，定常流れ系の熱力学の第一法則を適用して，

$$\text{ボイラにおける受熱量：} q_B = h_2 - h_1 \tag{7.78}$$

$$\text{タービンの発生仕事：} l_T = h_2 - h_3 \tag{7.79}$$

$$\text{復水器における放熱量：} q_C = h_3 - h_4 \tag{7.80}$$

$$\text{給水ポンプで必要な圧縮仕事：} l_P = h_1 - h_4 \tag{7.81}$$

蒸気1kg当たりに得られる正味の仕事は $l_T - l_P$ で与えられる．したがって，ランキンサイクルの熱効率 η は次のように表される．

$$\eta = \frac{l_T - l_P}{q_B} = \frac{(h_2 - h_3) - (h_1 - h_4)}{h_2 - h_1} \simeq \frac{l_T}{q_B} = \frac{h_2 - h_3}{h_2 - h_1} \tag{7.82}$$

上式に示すように，一般にポンプ仕事は小さく無視してもよい．

(2) 再熱サイクル

蒸気タービン入口における蒸気の圧力と温度が高くなるほど，すなわち式(7.82)で h_2 が大きくなるほど，ランキンサイクルの熱効率は高くなる．しかしながら，この蒸気温度は機器の材料の許容限界温度によって制限され（570～600℃程度），このときタービン入口で蒸気が高圧であるほど，タービンから排出される

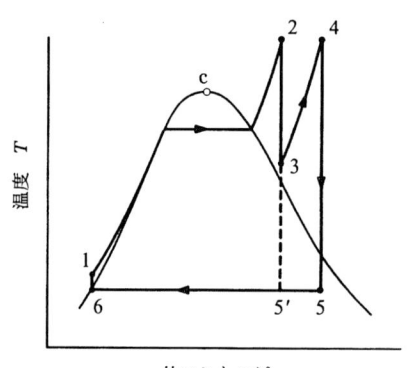

1→2：ボイラ，2→3：高圧タービン
3→4：再熱器，4→5：低圧タービン
5→6：復水器，6→1：給水ポンプ

図 7.21 再熱サイクル

7.5 蒸気サイクル

湿り蒸気の乾き度が小さくなって多くの水滴を含んだ蒸気になり，これがタービンに種々の弊害を及ぼす．これを防ぐために考えられたのが再熱サイクルである．すなわち，図7.21に示すように，タービン内で膨張している蒸気を途中で取り出して，ボイラ内に設けた再熱器によって再び高温の過熱蒸気にしてタービンに戻す．再熱の回数は1回（1段再熱という）が多い．

1段再熱サイクルの熱効率ηは次式のように表される．

$$\eta = \frac{(h_2-h_3)+(h_4-h_5)-(h_1-h_6)}{(h_2-h_1)+(h_4-h_3)} \cong \frac{(h_2-h_3)+(h_4-h_5)}{(h_2-h_1)+(h_4-h_3)} \quad (7.83)$$

(3) 再生サイクル

ランキンサイクルでは，復水器での放熱量q_Cが，ボイラでの受熱量q_Bに比べてかなり大きな割合になる．サイクルの外に捨てられるこの熱量の一部をサイクル内に取り入れ，ボイラ給水の加熱に用いることにより，サイクルの熱効率の向上をはかったのが再生サイクルである．再生サイクルでは，図7.22に示すように，タービンで膨張している蒸気の一部を途中で抽出して（抽気という），ボイラ給水の加熱に用い，ボイラでの受熱量q_Bの減少をはかる．図7.22は，最も簡単な1段抽気の再生サイクルの例で，給水加熱器には図に示す表面形のほかに抽気蒸気と復水を混合する混合形がある．

なお，実際の高圧大容量の火力発電所では，1段あるいは2段の再熱と数段の抽気を行う再熱再生サイクルが用いられている．

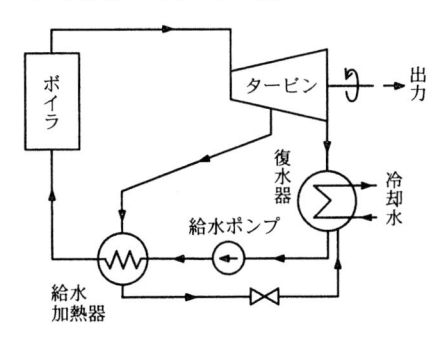

図 7.22 再生サイクル（表面形給水加熱器の場合）

(4) ボイラ

ボイラ (boiler) は，一般に燃料を燃焼して発生した熱を圧力容器内の水に伝えて，所要の圧力と温度の蒸気を発生し，これを他に供給する装置である．蒸気動

力プラントでは，主として過熱蒸気を発生する高温高圧大容量のボイラが用いられる．また，これとは別に，工業用熱源や化学工業原料として蒸気を用いる一般産業用や暖房用などに，通常乾き飽和蒸気を発生する中小容量のボイラがある．

ボイラを構成する主要部は，ボイラに燃料を供給し，その燃料を燃焼用空気とともに燃焼させる燃焼装置と燃焼室（火炉），および燃料が燃焼して発生した熱を吸収し，所定の圧力の水を蒸発させて蒸気にするボイラ本体（蒸発部）である．さらに，蒸気発生量の大きいボイラでは，ボイラ本体で発生した乾き飽和蒸気をさらに加熱して過熱蒸気にする過熱器，高圧タービンで飽和温度近くまで膨張した蒸気を再び高温の過熱蒸気にする再熱器，燃焼ガスの余熱を利用して給水を予熱するエコノマイザ（節炭器），燃焼ガスの余熱を利用して燃焼用空気の予熱を行う空気予熱器などの補助伝熱面が設置される．

ボイラで1時間当たりに発生する蒸気量を蒸発量といい，ボイラの容量を示すのに用いる．また，燃料の燃焼による発熱量（ボイラの入熱量）に対する発生した蒸気の得た熱量（ボイラの有効出熱量）の比をボイラ効率といい，ボイラの性能を表すのに用いる．ランキンサイクルでは，このボイラ有効出熱量がボイラでの受熱量 q_B に相当する．

ボイラは，構造の違いによって，丸ボイラと水管ボイラに大別される．丸ボイラは，ボイラ本体が直径の大きい円筒状の胴体で構成される蒸発量10t/h以下，圧力1MPa以下程度の小形ボイラで，現在用いられる丸ボイラには立てボイラと炉筒煙管ボイラがある．

蒸気動力プラントでは，水管ボイラが用いられる．ボイラの蒸発量を大きくしたいとき，丸ボイラでは径の大きい円筒容器にすることは強度上不可能である．これを解決する形式が水管ボイラである．水管ボイラは，一般にドラムと直径の小さい多数の水管（蒸発管）とで構成され，水は気水ドラム→降水管→水ドラム→蒸発管→気水ドラムと循環する．このとき，蒸発管のみ加熱される．蒸発管で発生した蒸気は気水ドラム（蒸気ドラムともいう）で水と分離して取り出され，水は給水とともに降水管に入り再び循環する．取り出される蒸気量（蒸発量）に見合う量が給水として供給される．水管ボイラではこの水循環がうまく行われることが最も重要である．

水循環の方式によって，水管ボイラは，浮力の作用で水循環を行う自然循環ボイラ，降水管に循環ポンプを設置した強制循環ボイラ，およびドラムをもたず加

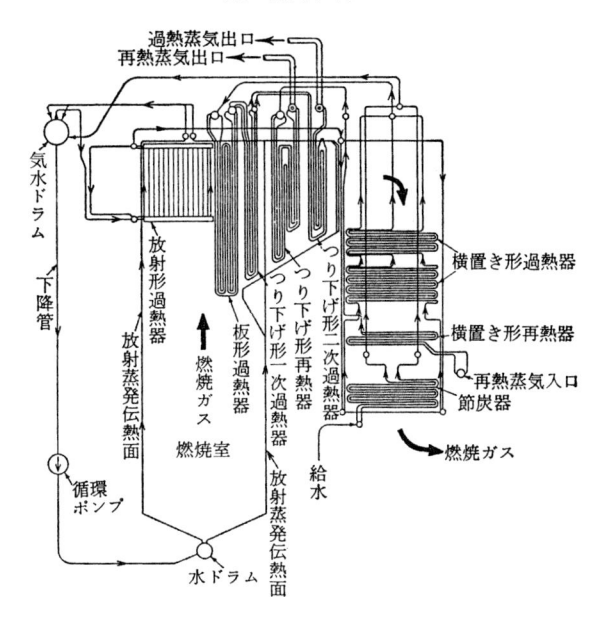

図 7.23 大形水管ボイラにおける伝熱装置の配置例（沼野ほか，1987）[5]

熱管の一端から給水ポンプで送り込まれた水が順次加熱され，管の他端から過熱蒸気となって流出する貫流ボイラの3種に分類される．

一般に，水管ボイラは高性能（ボイラ効率85〜90％以上）で，蒸発量，圧力，燃料の種類などに対する適応性も大きいので，産業用の中小形ボイラから発電用の高圧大容量ボイラに至る種々の大きさのものがあり，いろいろの用途に広く使用されている．大形水管ボイラにおける伝熱装置の配置の例を図7.23に示す．燃焼室では，壁面に水管を配置して燃焼ガス火炎からの放射熱を吸収させるようにした水冷壁構造が採用されている．

（5）蒸気タービン

蒸気タービン（steam turbine）の作動原理を模式的に図7.24に示す．蒸気タービンでは，ボイラで発生した高温高圧の蒸気をノズル（nozzle）または固定羽根（fixed blade）内で膨張させて高速の流れにし（蒸気の熱エネルギーを運動エネルギーに変換），これを回転羽根（moving blade）に吹きつけてロータを回転させる（蒸気の運動エネルギーを機械的仕事に変換）ことにより動力を取り出す．

蒸気タービンの基本的な構成はノズル（または固定羽根）と回転羽根であり，

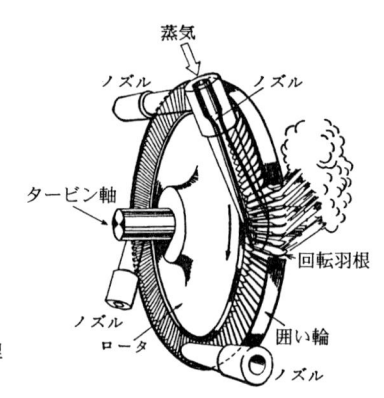

図 7.24 蒸気タービンの作動原理
（沼野ほか，1987）[5]

これらの一組を段（stage）と呼ぶ．段には，衝動段（impulse stage）と反動段（reaction stage）がある．衝動段では，蒸気はノズルでのみ膨張し，回転羽根では羽根にあたる高速の蒸気の衝動作用を利用する．一方，反動段では，蒸気は回転羽根でも膨張し，衝動作用に加えて，膨張する蒸気の反動作用も利用する．

蒸気タービンには，単段の小形タービンから多段の中大出力タービンがある．また，タービン排気蒸気を復水器で復水する形式のほかに，排気すべて，あるいはタービン途中の蒸気の一部を抽気して他の目的で使用する形式のものがある．

蒸気タービンは大きく分けて，ロータと車室（ケーシング）から構成される．ロータの軸には円板または円胴を介して回転羽根が取り付けられており，車室は上下に2分割できるようになっていて，内側にはノズル（または固定羽根）や仕切板などが取り付けられている

蒸気がタービン内を流れる際，摩擦や渦，湿り蒸気の水滴の制動作用，ノズルや回転羽根の先端すき間での漏れなどによる損失が生じる．これを内部損失という．この内部損失のために，タービンにおける蒸気のエンタルピーの降下量（熱落差という）は，内部損失のない理想（可逆）的に断熱膨張した場合の降下量（断熱熱落差という）よりも小さくなる．さらに，軸受での損失，タービン流出蒸気のもち去る運動エネルギーによる損失など（これらを外部損失という）を差し引いて，有効な軸出力が得られる．断熱熱落差に対する実際の熱落差の比を内部効率といい，有効軸出力の比をタービン効率（または有効効率）という．

ボイラおよび蒸気タービンについては，たとえば章末にあげた参考書5)，6)を参照されたい．

b. 冷凍サイクル

　熱機関のサイクルを逆向きに回し，外部より仕事を供給して，低温で熱を受けとり，高温で熱を放出するサイクルを冷凍サイクル(refrigeration cycle)という．
　冷凍機，ヒートポンプ，空調機に用いられる蒸気圧縮式の冷凍サイクル(refrigeration cycle)の基本構成を図7.25に，そのT-s線図を図7.26に示す．作動流体（この場合，冷媒と呼ばれる）には主にフロンが用いられる．低温の周囲熱源の冷却を目的として，蒸発器における低温での受熱を主たる動作とする場合には冷凍機（refrigerator），一方高温の周囲熱源の加熱を目的として，凝縮器における高温での放熱を主たる動作とする場合にはヒートポンプ（heat pump）と呼ばれる．

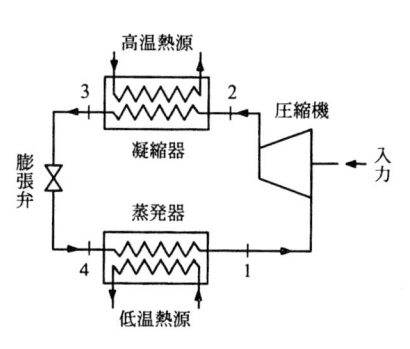

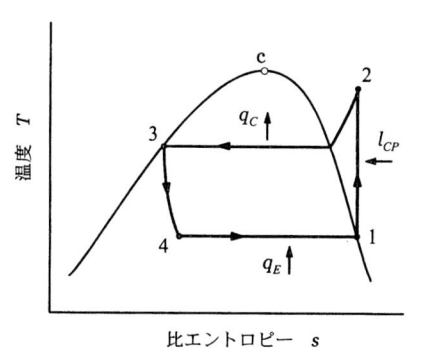

図7.25　蒸気圧縮式冷凍サイクルの基本構成　　図7.26　蒸気圧縮式冷凍サイクル

冷媒1kg当たりについて考えると，

圧縮機の断熱圧縮仕事：$l_{CP} = h_2 - h_1$　　　　　　(7.84)

蒸発器における受熱量：$q_E = h_1 - h_4$　　　　　　(7.85)

凝縮器における放熱量：$q_C = h_2 - h_3$　　　　　　(7.86)

なお，膨張弁での絞り過程は等エンタルピー変化で，$h_3 = h_4$である．
　冷凍サイクルの効率である成績係数（coefficient of performance）εは，次のように表される．

冷凍機の成績係数 ε_R：$\varepsilon_R = \dfrac{q_E}{l_{CP}} = \dfrac{h_1 - h_4}{h_2 - h_1}$　　　　　(7.87)

ヒートポンプの成績係数 ε_H：$\varepsilon_H = \dfrac{q_C}{l_{CP}} = \dfrac{h_2 - h_3}{h_2 - h_1}$　　　　(7.88)

演習問題

7.1 比熱一定の理想気体1 [kg] が可逆断熱膨張して容積が1.5倍になり，温度が100 [°C] から60 [°C] になった．また，その際外部に対して19 [kJ] の仕事を行った．この気体の比熱比 γ と，ガス定数 R [J/kg·K] を求めよ．

7.2 カルノーサイクルにおいて，高熱源温度が1000 [°C]，低熱源温度が50 [°C] で，低熱源に1サイクル当たり15 [kJ] の熱量が捨てられたとすれば，1サイクル当たりの仕事はどれだけか．

7.3 定容積の容器に比熱一定の理想気体 m [kg] が入っている．外部から加熱して，気体の温度を10 [°C] から40 [°C] にしたところ，気体のエントロピーが0.144 [kJ/K] 増加した．加えられた熱量と，気体の内部エネルギーの変化を求めよ．

7.4 図7.11に示す定容サイクルにおいて，圧縮比が10，圧縮初めの温度と圧力がそれぞれ100 [°C]，0.1 [MPa]，サイクルの最高圧力が5.5 [MPa] である．比熱比を1.4として，圧縮終わりの温度と圧力，最高温度，熱効率を求めよ．

7.5 容積0.2 [m³] の密閉した容器内に圧力1 [MPa]，温度250 [°C] の水蒸気が入っている．この容器を冷却して，容器内の圧力を0.5 [MPa] にしたい．除去すべき熱量，エントロピーの変化量および最終状態の温度を求めよ．

7.6 ランキンサイクルにおいて，ボイラで発生した圧力5 [MPa]，温度500 [°C] の水蒸気がタービンに導かれ，圧力0.005 [MPa] まで膨張する．この膨張が可逆断熱的に行われるとき，水蒸気1 [kg] 当たりに得られる仕事およびこのサイクルの熱効率を求めよ．もしタービン効率が80%であれば，水蒸気流量2.5 [kg/s] のとき，タービン出力およびこのときのサイクル熱効率はいくらになるか．なお，ポンプ仕事は無視してよい．

8. 伝 熱 学

　自然界には，温度差があるということだけで熱エネルギーが移動する普遍的な現象がある．この伝熱（heat transfer）には，3つの基本的な形態がある．
（1）　伝導(conduction)：物体内に温度差があるとき，分子間で直接熱が次々に伝えられる．この現象を熱伝導という．
（2）　対流(convection)：流体の部分的な運動によって，固体表面と流体の間で熱が伝えられる．これを対流伝熱あるいは熱伝達という．
（3）　放射(radiation)：すべての物体は，温度に応じて，エネルギーを電磁波の形で放射し，また吸収する．この現象を熱放射という．熱放射により，相互にやり取りするエネルギーの差し引きで，高温物体から低温物体へ熱が伝達される．これを放射伝熱という．
　これらの形態は，単独に生じる場合もあるが，2つあるいは3つが同時に生じる場合も多い．
　本章では，各形態について，基礎的事項を記述する．詳細およびここで記述していない事項，たとえば伝熱装置である熱交換器の熱計算方法などについては，章末にあげた参考書1)～4)を参照されたい．

8.1　熱　伝　導

a．基本法則

　物体内における熱伝導による伝熱量は，フーリエの法則（Fourier's law）により，次式のように表される．

$$q = -\lambda \frac{\partial T}{\partial n} \qquad (8.1)$$

ここに，q は熱が通過する断面の単位面積当たり単位時間に流れる伝熱量[W/m²]で，熱流束（heat flux）と呼ばれる．また $\partial T/\partial n$ は温度 T の熱の流れ方向の勾配[K/m]である．フーリエの法則は，熱流束 q が温度勾配 $\partial T/\partial n$ に比例することを表しており，物体の形状によらず，また定常，非定常のいずれであれ成り立つ一般的な関係である．右辺の負号は，温度が低下する方向に正の熱量が流れることを表している．比例定数 λ[W/m·K]を熱伝導率（thermal conductivity）と呼ぶ．熱伝導率は，物質の種類とその状態（温度と圧力）によって決まる定数（物性値）で，その値が大きいほど伝熱量は大きい．代表的な物質の熱伝導率 λ の値を表8.1に示す．

物体内部に座標をとり，微小体積要素を考え，この体積要素への熱伝導による熱の出入りに対してフーリエの法則を適用すると，以下に示す熱伝導の基礎微分方程式が得られる．

直角座標：
$$c\rho \frac{\partial T}{\partial t} = \frac{\partial}{\partial x}\left(\lambda \frac{\partial T}{\partial x}\right) + \frac{\partial}{\partial y}\left(\lambda \frac{\partial T}{\partial y}\right) + \frac{\partial}{\partial z}\left(\lambda \frac{\partial T}{\partial z}\right) + H \qquad (8.2)$$

円筒座標：
$$c\rho \frac{\partial T}{\partial t} = \frac{1}{r}\frac{\partial}{\partial r}\left(\lambda r \frac{\partial T}{\partial r}\right) + \frac{1}{r}\frac{\partial}{\partial \varphi}\left(\frac{\lambda}{r} \frac{\partial T}{\partial \varphi}\right) + \frac{\partial}{\partial z}\left(\lambda \frac{\partial T}{\partial z}\right) + H \qquad (8.3)$$

表8.1 いろいろな物質の熱伝導率 λ（温度20℃における値）

物　質	λ[W/m·K]	物　質	λ[W/m·K]
亜鉛	121	紙	0.05～0.16
アルミニウム	237	もめん	0.059
銀	427	杉（繊維に直角方向，繊維方向はこの約2倍）	0.087
鉄	80		
鋳鉄（4C以下）	52	ひのき（同上）	0.095
炭素鋼（0.5C以下）	54	天然ゴム（軟質）	0.13
〃　（1.0C）	43	フェノール樹脂	0.13～0.25
〃　（1.5C）	36	石英ガラス	1.38
ステンレス鋼（SUS 304）	16	ソーダガラス	1.03
銅	398	コンクリート	0.8～1.4
無酸素銅	384	れんが（普通）	0.56～1.08
黄銅	122	水	0.60
水銀	8.5	空気	0.026

ここに，t は時間，c と ρ は物体の比熱と密度，H は物体内の単位時間，単位体積当たりの熱発生量である．

対象とする状況について，与えられた境界条件と初期条件のもとに，これらの基礎微分方程式を解けば，物体内の温度分布が求められ，さらにフーリエの法則から伝熱量を知ることができる．

b．1次元定常熱伝導

熱伝導率一定で内部発熱のない一次元定常熱伝導の場合を考える．

（1）平板の場合

図 8.1 に示すように，厚さ x 方向にのみ熱が流れる平板を考える．厚さを δ，表面の温度をそれぞれ T_1 と T_2 とすれば，固体内部の温度分布および x 方向に単位時間に流れる熱量 Q は，次のようにして求められる．

基礎式： $\dfrac{d^2 T}{dx^2} = 0$ (8.4)

境界条件：$x = 0$ で $T = T_1$，$x = \delta$ で $T = T_2$ (8.5)

式 (8.4) を式 (8.5) の境界条件で解いて，

温度分布：$T = T_1 - \dfrac{x}{\delta}(T_1 - T_2)$ (8.6)

伝熱量： $Q = -\lambda \dfrac{dT}{dx} A = \dfrac{\lambda}{\delta}(T_1 - T_2) A$ (8.7)

ここに，A は平板の断面積（伝熱面積）である．式 (8.7) を書き直して，

$$Q = \dfrac{T_1 - T_2}{\delta/\lambda A} \tag{8.8}$$

右辺の分母 $\delta/\lambda A$ は平板における熱伝導の熱抵抗と呼ばれ，伝熱量 Q を電流とし，温度差 $T_1 - T_2$ を電位差（電圧）とする電気回路における電気抵抗に相当する．このように，熱の流れは，等価な電気回路に類似させて考えると理解しやすい．

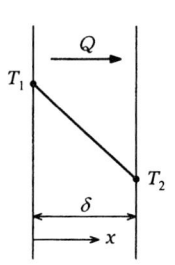

図 8.1 平板の熱伝導

n 個の層からなる多層平板の層厚さ方向の 1 次元定常熱伝導の場合には,熱の流れに対して $\delta_i/\lambda_i A\,(i=1,2,\cdots,n)$ の熱抵抗が n 個直列に存在すると考えられる.したがって,伝熱量 Q は次式のように求められる.

$$Q = \frac{(T_1 - T_2)A}{\dfrac{\delta_1}{\lambda_1} + \dfrac{\delta_2}{\lambda_2} + \cdots + \dfrac{\delta_n}{\lambda_n}} \tag{8.9}$$

ここに,T_1 と T_2 は多層平板の 2 表面の温度である.各層が接する面の温度は,得られた伝熱量 Q から,各層に式 (8.8) を適用して求められる.

(2) 円管の場合

図 8.2 に示すような円管での半径 r 方向の 1 次元定常熱伝導を考える.内外表面の温度および半径を図のように表すと,温度分布および伝熱量は次のように求められる.

基礎式: $\quad \dfrac{1}{r}\dfrac{d}{dr}\left(r\dfrac{dT}{dr}\right) = 0$ (8.10)

境界条件: $r = R_i$ で $T = T_1$, $r = R_o$ で $T = T_2$ (8.11)

温度分布: $\dfrac{T_1 - T}{T_1 - T_2} = \dfrac{\ln(r/R_i)}{\ln(R_o/R_i)}$ (8.12)

伝熱量: $\quad Q = -\lambda \dfrac{dT}{dr} 2\pi r L = \dfrac{2\pi\lambda L}{\ln(R_o/R_i)}(T_1 - T_2)$ (8.13)

ここに,L は円管の長さである.式 (8.13) を書き直すと,次式のようになる.

$$Q = \frac{T_1 - T_2}{\dfrac{\ln(R_o/R_i)}{2\pi\lambda L}} \tag{8.14}$$

右辺の分母 $\ln(R_o/R_i)/2\pi\lambda L$ は円管における熱伝導の熱抵抗である.

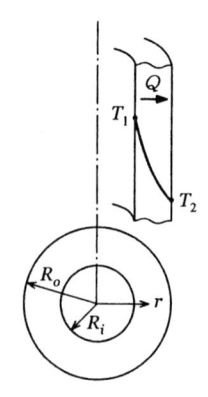

図 8.2 円管の熱伝導

n 個の層からなる多層円管の場合,半径方向の 1 次元定常熱伝導における伝熱量 Q は,多層平板の場合と同様に考えて,次式で求められる.

$$Q = \frac{2\pi L(T_1 - T_2)}{\frac{\ln(R_1/R_i)}{\lambda_1} + \frac{\ln(R_2/R_1)}{\lambda_2} + \cdots + \frac{\ln(R_o/R_{n-1})}{\lambda_n}} \quad (8.15)$$

ここに,T_1 と T_2 および R_i と R_o はそれぞれ多層円管の内外面の温度および半径であり,R_k と $\lambda_k (k=1, 2, \cdots, n-1)$ は各円管の半径と熱伝導率を表す.

8.2 熱通過と対流伝熱

a. 熱通過

一般には,図 8.3 に例を示すように,固体壁で隔てられた 2 流体間の伝熱を取り扱う場合が多い.このような場合を熱通過(overall heat transfer)という.熱通過では,固体壁内の熱伝導に加えて,固体表面と流体との間の対流伝熱(熱伝達)が関与する.

いま,1 つの熱伝達を考える.固体表面(伝熱面という)の温度と表面積(伝熱面積)をそれぞれ T_w と A,流体の温度を T_b とすると,熱伝達による壁から流体への伝熱量 Q は次式で表される.

$$Q = \alpha(T_w - T_b)A \quad (8.16)$$

上式で定義される α を熱伝達率(熱伝達係数;heat transfer coefficient)という.式 (8.16) を書き直すと,次のようになる.

$$Q = \frac{T_w - T_b}{1/\alpha A} \quad (8.17)$$

右辺の分母 $1/\alpha A$ は熱伝達の熱抵抗である.

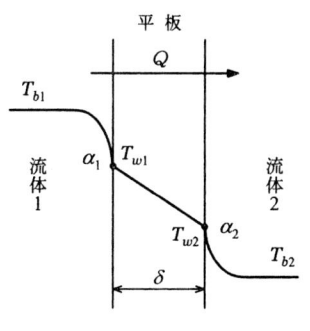

図 8.3 平板の熱通過

図8.3に示すように,流体の温度は,固体表面近傍の薄い層内で固体表面の温度(伝熱面温度)T_w から十分離れた点の温度 T_b まで変化する.この層を温度境界層という.この温度境界層の部分が熱伝達の熱抵抗になっている.

図8.3に示した平板壁で隔てられた2流体間の熱通過における伝熱量 Q は,次式で表される.

$$Q = k(T_{b1} - T_{b2})A \tag{8.18}$$

ここに,T_{b1}, T_{b2} および A は,それぞれ両流体の固体壁から十分離れた点の温度および伝熱面積である.上式で定義される k を熱通過率(または熱通過係数,overall heat transfer coefficient)と呼ぶ.熱通過率 k は,関与する各熱抵抗より,次のように表される.

$$\frac{1}{k} = \frac{1}{\alpha_1} + \frac{\delta}{\lambda} + \frac{1}{\alpha_2} \tag{8.19}$$

円管における熱通過では,平板の場合と同様に考えて,次式が得られる.

$$Q = \frac{2\pi L(T_{b1} - T_{b2})}{\dfrac{1}{\alpha_1 R_i} + \dfrac{\ln(R_o/R_i)}{\lambda} + \dfrac{1}{\alpha_2 R_o}} \tag{8.20}$$

ここで,管内流体を1,管外流体を2の添字で示している.なお,円管の場合,式(8.18)で定義される熱通過率 k の値は,伝熱面積 A を内外面のどちらでとるかによって異なる.

これまで述べてきたことからわかるように,一般に,熱通過における伝熱量は各熱抵抗のうち最大の抵抗によって支配される.したがって,伝熱を促進するためには,その最大の熱抵抗の値を小さくすることが肝要である.また,一般に,固体壁として熱伝導率の大きい金属が使用されるため,熱伝導の抵抗に比べて,熱伝達の抵抗が大きい場合が多い.

〔例題8.1〕 厚さ50mmの耐火材で覆った炉がある.この炉からの放熱損失を1/3に減らすために,耐火材の外側に断熱材を張ることにした.耐火材と断熱材の熱伝導率はそれぞれ 0.80 および 0.50 W/m・K である.炉の内側と外側に生じる対流伝熱の熱伝達率がそれぞれ 115 および 11 W/m²・K である場合,断熱材の厚さをいくらにすればよいか.

〔解〕 $\delta_1 = 0.05$ [m], $\lambda_1 = 0.80$ [W/m・K], $\alpha_1 = 115$ [W/m²・K]
$\delta_2 = ?$ [m], $\lambda_2 = 0.50$ [W/m・K], $\alpha_2 = 11$ [W/m²・K]

断熱材のない場合と入れた場合で,炉内外の流体の温度および伝熱面積は同じである.

したがって，伝熱量を 1/3 にするためには，熱通過率 k を 1/3 に，すなわち熱通過の熱抵抗を 3 倍にすればよい．

断熱材のない場合：$\dfrac{1}{k_1} = \dfrac{1}{\alpha_1} + \dfrac{\delta_1}{\lambda_1} + \dfrac{1}{\alpha_2} = \dfrac{1}{115} + \dfrac{0.05}{0.80} + \dfrac{1}{11} = 0.1621 [\text{m}^2 \cdot \text{K/W}]$

断熱材のある場合：$\dfrac{1}{k_2} = \dfrac{1}{\alpha_1} + \dfrac{\delta_1}{\lambda_1} + \dfrac{\delta_2}{\lambda_2} + \dfrac{1}{\alpha_2} = 0.1621 + \dfrac{\delta_2}{0.50} [\text{m}^2 \cdot \text{K/W}]$

$$\dfrac{k_2}{k_1} = \dfrac{1/k_1}{1/k_2} = \dfrac{0.1621}{0.1621 + \delta_2/0.50} = \dfrac{1}{3}$$

$\delta_2 = 0.162 [\text{m}] = \underline{162 [\text{mm}]}$

b．対流伝熱

対流伝熱の伝熱量は，式 (8.16) で定義される熱伝達率 α の値を見積もれば，求めることができる．

管路中の流体のようにポンプやコンプレッサなどの強制流動力によって引き起こされる対流を強制対流 (forced convection) といい，流体中の密度差に基づく浮力により生じる対流を自然対流 (natural convection) という．沸騰や凝縮のように固体表面で相変化を伴う場合も含めて，熱伝達率の概略値の例を表 8.2 に示す．

強制対流と自然対流では，対流の機構が異なるため，熱伝達率は異なる法則に支配される．また，それぞれの対流において，流れの状態が層流であるか，乱流であるかによっても，熱伝達率は異なる．熱伝達率に関する式は，理論あるいは実験によって得られており，一般に，式 (8.23)～(8.26) に示す無次元特性数を用いて，次のような関数の無次元式で整理されている．

強制対流：$Nu = f_1(Re, Pr)$ (8.21)

表 8.2 熱伝導率 α の概略値

熱伝達の様式	$\alpha [\text{W/m}^2 \cdot \text{K}]$
自然対流	
空気	5
水	100
強制対流（管内流）	
空気	40
水	6000
水の沸騰	5000
水蒸気の凝縮	10000

自然対流：$Nu = f_2(Gr, Pr)$ (8.22)

ここに，

ヌセルト数（Nusselt number） $Nu = \dfrac{\alpha L}{\lambda}$ (8.23)

レイノルズ数（Reynolds number） $Re = \dfrac{uL}{\nu}$ (8.24)

プラントル数（Prandtl number） $Pr = \dfrac{\nu}{a} = \dfrac{c_p \mu}{\lambda}$ (8.25)

グラスホフ数（Grashof number） $Gr = \dfrac{L^3 g \beta (T_w - T_b)}{\nu^2}$ (8.26)

式中，L は代表寸法 [m]，u は流体の代表速度 [m/s]，g は重力加速度 [m/s²]，T_w は伝熱面温度 [K]，T_b は伝熱面から十分離れた流体の温度 [K]，λ，ν，a，c_p，μ および β はそれぞれ流体の熱伝導率 [W/m·K]，動粘性係数 [m²/s]，温度伝導率 [m²/s]（$=\lambda/\rho c_p$），ρ は密度 [kg/m³]），定圧比熱 [J/kg·K]，粘性係数 [Pa·s]（$=\rho\nu$），体膨張係数 [K⁻¹] である．

以下では，相変化のない通常の対流伝熱の場合について，熱伝達率を見積もる例をいくつか示す．見積もられる熱伝達率の値は伝熱面積全体の平均の値である．流体の物性値については参考書4）等を参照のこと．

（1） 強制対流

平板に沿った流れ： 平板に沿った流れでは，流体と平板表面の間に，まず前縁から層流の温度境界層ができ，さらに下流で乱流の温度境界層が生じる．平板表面温度が一様のとき，層流境界層の場合（$Re <$ 約 5×10^5），

$$Nu = 0.664 Re^{0.5} Pr^{1/3}$$ (8.27)

また層流境界層と乱流境界層が共存する場合（$Re >$ 約 5×10^5），

$$Nu = [0.664 Re_c^{0.5} + 0.037(Re^{0.8} - Re_c^{0.8})] Pr^{1/3}$$ (8.28)

ここに，無次元数の代表寸法は平板の長さ，代表速度は境界層外側（主流という）の流体速度，また流体の物性値は流体主流温度と平板表面温度の算術平均温度における値を用いる．式 (8.28) 中，$Re_c \cong 5 \times 10^5$ である．

円管内の流れ： 一般に重要な乱流の場合（$Re >$ 約 2300）について示す．円管内の管入口から十分（管内径の 10 倍程度以上）下流の発達した流れに対して，

$$Nu = 0.023 Re^{0.8} Pr^{0.4}$$ (8.29)

ここに，無次元数の代表寸法は管直径，代表速度は管断面の平均速度，また流体

の物性値は流体の平均温度における値を用いる．

（2） 自然対流

垂直平板の場合： 強制対流における平板に沿った流れの場合と同様に，平板表面に沿って下端から層流境界層，さらに乱流境界層が生じる．平板表面温度が一様である場合に対して，

$$Nu=\left[0.825+\frac{0.387(Gr\cdot Pr)^{1/6}}{\{1+(0.492/Pr)^{9/16}\}^{8/27}}\right]^2 \qquad (8.30)$$

ここに，無次元数の代表寸法は平板の高さである．体膨張係数以外の流体の物性値は平板表面温度（式 (8.26) の T_w）と十分離れた流体温度（同じく T_b）の算術平均温度における値を用い，体膨張係数は十分離れた流体温度における値を用いる．

8.3 放射伝熱

a. 基本法則

熱放射で問題となるのは，通常赤外部および可視部と紫外部の一部を含む短波長（0.1～100 μm）の電磁波である．

物体の表面に入射した熱放射線のうち，一部は表面で反射され，一部は物体を透過して，残りが物体に吸収される．到達したエネルギーに対するこれらの比率をそれぞれ反射率，透過率および吸収率という．ここでは，吸収率 (absorptivity) を a で表す．ほとんどの固体では透過はしない．さらに，反射もしない，すなわち吸収率が1で表面に入射してきた熱放射線をすべて吸収する面を黒体面といい，そのような物体を黒体（black body）という．

物体表面から単位面積，単位時間当たりに放出される熱放射エネルギーを放射能（emissive power）という．黒体の放射能 E_B [W/m²] は，温度 T [K] のみの関数で，ステファン・ボルツマンの法則（Stefan-Boltzmann's law）により次のように与えられる．

$$E_B=\sigma T^4=5.67\left(\frac{T}{100}\right)^4 \quad [\text{W/m}^2] \qquad (8.31)$$

ここに，σ はステファン・ボルツマン定数（$=5.67\times10^{-8}$ [W/m²·K⁴]）である．

同じ温度では，黒体の放射能が，すべての物体の放射能のうちで最大である．任意の物体の放射能 E と同じ温度の黒体の放射能 E_B との比を放射率（emissivity）という．したがって，放射率を ε で表すと，任意の物体の放射能 E は，次のように表される．

$$E = \varepsilon E_B = \varepsilon \sigma T^4 = 5.67\varepsilon \left(\frac{T}{100}\right)^4 \quad [\text{W/m}^2] \tag{8.32}$$

黒体の吸収率 a と放射率 ε がともに最大の 1 で等しいように，熱放射線をよく吸収する物体ほどよく放射もし，その吸収率と放射率はキルヒホッフの法則（Kirchhoff's law）により等しい値をとる．

物体からの熱放射には，実際にはいろいろな波長のものが含まれており，一般に，物体の放射率 ε は波長および温度の関数である．そこで，とくに放射率 ε が波長および温度に無関係に一定であるような物体を考え，これを灰色体（gray body）と呼ぶ．実際には灰色体の性質を示す物体は存在しないが，灰色体とみなして近似的に取り扱うのが普通である．以上の説明においても，一定の放射率をもつ灰色体の物体として取り扱った．

b．放射伝熱

ここでは，熱放射エネルギーの交換を考える上で基本であり，実際にも重要である図 8.4 に示すような 2 面の灰色体表面からなる系の場合について考える．

まず，1 つの灰色体表面における正味の放射エネルギーについて考える．単位面積，単位時間当たりに面を出ていく全放射エネルギーを $J\,[\text{W/m}^2]$，また単位面積，単位時間当たりに面に入射してくる全放射エネルギーを $G\,[\text{W/m}^2]$ で表すと，次式の関係が成り立つ．

$$J = E + (1-a)G = \varepsilon E_B + (1-\varepsilon)G \tag{8.33}$$

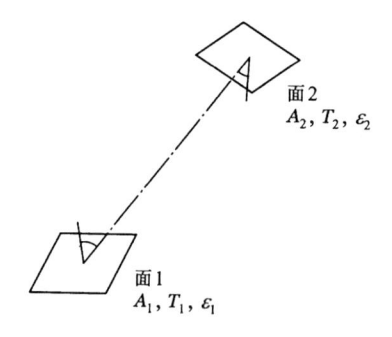

図 8.4 灰色体 2 面間の放射伝熱

また，この面から出ていく正味の放射エネルギー Q [W] は，面の面積を A [m^2] として，次式で表される．

$$Q = (J - G)A \tag{8.34}$$

上の2式から G を消去して，次式が得られる．

$$Q = \frac{E_B - J}{(1-\varepsilon)/\varepsilon A} \tag{8.35}$$

ここに，分母の $(1-\varepsilon)/\varepsilon A$ は熱放射に対する物体表面の抵抗である．黒体の場合には，この抵抗は無視してよく，$J = E_B$ となる．

次に，図8.4に示すような面積 A_1 [m^2]，温度 T_1 [K]，放射率 ε_1 の面1と面積 A_2 [m^2]，温度 T_2 [K]，放射率 ε_2 の面2の間の表面を出た後の放射エネルギーの交換を考える．それぞれ，面1および面2に出入りする放射エネルギーを次のように表すと，

面1から出ていく放射エネルギー $= J_1 A_1$ [W]

このうち面2に入射するエネルギー $= J_1 A_1 F_{12}$ [W]

面2から出ていく放射エネルギー $= J_2 A_2$ [W]

このうち面1に入射するエネルギー $= J_2 A_2 F_{21}$ [W]

面1から面2に伝わる正味の放射エネルギー Q [W] は，次式で求められる．

$$Q = J_1 A_1 F_{12} - J_2 A_2 F_{21} \tag{8.36}$$

ここに，F_{12} および F_{21} は形態係数 (geometric factor) と呼ばれるもので，面1と面2の間の幾何学的な関係のみから決まる値であり，たとえば F_{12} は面1からの全視野のうち面2がさえぎる部分の割合を表す．すなわち，面1から全方向への放射エネルギーのうち，この F_{12} の割合だけ，面2に到達するものと考える．

幾何学的関係はそのままで，面1と面2を同じ温度の黒体表面で置き換えればわかるように，次の一般的な関係がある．

$$A_1 F_{12} = A_2 F_{21} \tag{8.37}$$

式 (8.36) と式 (8.37) から，次式が得られる．

$$Q = (J_1 - J_2) A_1 F_{12} = \frac{J_1 - J_2}{1/A_1 F_{12}} \tag{8.38}$$

分母の $1/A_1 F_{12}$ は放射伝熱に対する空間の抵抗と考えてよい．

以上より，灰色体の2面間の放射伝熱量 Q [W] は，式 (8.35) と式 (8.38) を組み合わせて，次式のように表される．

$$Q = \frac{E_{B1}-E_{B2}}{\dfrac{1-\varepsilon_1}{\varepsilon_1 A_1}+\dfrac{1}{A_1 F_{12}}+\dfrac{1-\varepsilon_2}{\varepsilon_2 A_2}} = \frac{(E_{B1}-E_{B2})A_1}{\left(\dfrac{1}{\varepsilon_1}-1\right)+\dfrac{1}{F_{12}}+\dfrac{A_1}{A_2}\left(\dfrac{1}{\varepsilon_2}-1\right)} \quad (8.39)$$

また，

$$Q = \frac{5.67\left[\left(\dfrac{T_1}{100}\right)^4-\left(\dfrac{T_2}{100}\right)^4\right]}{\dfrac{1-\varepsilon_1}{\varepsilon_1 A_1}+\dfrac{1}{A_1 F_{12}}+\dfrac{1-\varepsilon_2}{\varepsilon_2 A_2}} = \frac{5.67\left[\left(\dfrac{T_1}{100}\right)^4-\left(\dfrac{T_2}{100}\right)^4\right]A_1}{\left(\dfrac{1}{\varepsilon_1}-1\right)+\dfrac{1}{F_{12}}+\dfrac{A_1}{A_2}\left(\dfrac{1}{\varepsilon_2}-1\right)} \quad [\text{W}]$$

$$(8.40)$$

式 (8.39) あるいは式 (8.40) を用いる際，以下の代表的な幾何学的関係については，次のように考えればよい．

① 十分長い同心円柱あるいは同心球の場合（内側の面を1，外側の面を2とする）：面1の全視野はすべて面2でさえぎられるので，$F_{12}=1$．
② 無限平行2平面の場合：互いに全視野はすべてさえぎられ，かつ面積は等しいので，$F_{12}=1$ かつ $A_1=A_2$．
③ いたるところ凸面の比較的小さい物体（面1）が大きい表面（面2）で完全に囲まれる場合：①と同様に，$F_{12}=1$．かつ $A_1 \ll A_2$ すなわち $A_1/A_2 \cong 0$ とみなせる．

〔例題 8.2〕 表面温度が 70℃ に保たれた表面積 0.6 m² の容器がある．容器表面の放射率は 0.9 であり，外気温度は 15℃ である．今この容器表面にペンキを塗ってその放射率を 0.5 に小さくする．容器表面では外気への対流伝熱も生じており，その熱伝達率は 5 W/m²·K である．ペンキを塗った後でもこの値は変わらないとすれば，ペンキを塗ることによって，全損失熱量はどれだけの割合少なくなるか．

〔解〕 容器表面から外気への伝熱は放射伝熱と対流伝熱が同時に生じており，全伝熱量 Q [W] は放射による伝熱量 Q_r [W] と対流による伝熱量 Q_c [W] の合計量となる．

まず，放射伝熱について考える．容器表面を面1，外気を面2とすると，面1は面2に比べて小さくかつ面2によって完全に囲まれているとみなしてよい．すなわち，灰色体2面間の代表的な幾何学的関係③の場合に相当し，$F_{12}=1$ かつ $A_1/A_2 \cong 0$ として式 (8.40) を適用すればよい．このとき，式 (8.40) は次のように表される．

$$Q = 5.67\varepsilon_1\left[\left(\dfrac{T_1}{100}\right)^4-\left(\dfrac{T_2}{100}\right)^4\right]A_1 \quad [\text{W}]$$

ペンキを塗る前と後をそれぞれ添字 a と b を付して表すと，放射伝熱による熱損失の減少量 ΔQ_r [W] は，次式で求められる．

$$\Delta Q_r = Q_{ra} - Q_{rb} = 5.67(\varepsilon_a - \varepsilon_b)\left[\left(\frac{T_1}{100}\right)^4 - \left(\frac{T_2}{100}\right)^4\right]A_1$$

$$= 5.67 \times (0.9 - 0.5) \times \left[\left(\frac{70 + 273}{100}\right)^4 - \left(\frac{15 + 273}{100}\right)^4\right] \times 0.6 = 95 \text{ [W]}$$

なお,

$$Q_{ra} = 5.67 \times 0.9 \times \left[\left(\frac{70 + 273}{100}\right)^4 - \left(\frac{15 + 273}{100}\right)^4\right] \times 0.6 = 213 \text{ [W]}$$

一方,ペンキを塗っても対流伝熱量は変わらない.対流伝熱による放熱量 Q_c[W]は,式 (8.16) から,次のように求められる.

$$Q_c = \alpha(T_1 - T_2)A_1 = 5 \times (70 - 15) \times 0.6 = 165 \text{ [W]}$$

したがって,全損失熱量の減少割合は,

$$\frac{Q_a - Q_b}{Q_a} = \frac{\Delta Q_r}{Q_a} = \frac{\Delta Q_r}{Q_{ra} + Q_c} = \frac{95}{213 + 165} = 0.251 = \underline{25.1\%}$$

演 習 問 題

8.1 熱伝導率 20 [W/m·K],厚さ 20 [mm] の金属平板がある.一面は温度 100[℃] に保たれており,他面では熱伝達率 500 [W/m²·K] の対流伝熱により温度 10[℃] の流体に熱を伝えている.流体への伝熱量と対流伝熱面の温度を求めよ.

8.2 内径 150 [mm] の円管内をある流体が 25 [m/s] の速さで流れている.このときの管内面における熱伝達率を見積もれ.ただし,流体の物性値は次のとおりである.

$\nu = 3.16 \times 10^{-6}$ [m²/s], $\lambda = 0.0536$ [W/m·K], $P_r = 0.922$

参 考 文 献

2. 材 料 力 学
1) 村上敬宜：材料力学，森北出版（1999）．
2) 村上敬宜，森　和也：材料力学演習，森北出版（1998）．
3) 村上敬宜：弾性力学，養賢堂（1999）．
4) 平川賢爾，大谷泰夫，遠藤正浩，坂本東男：機械材料学，朝倉書店（1999）．
5) 日本材料学会編：疲労設計便覧，養賢堂（1995）．
6) 日本材料学会編：改訂 機械材料学，日本材料学会（2000）．

3. 機 械 力 学
1) 安田仁彦：機構学，コロナ社（1983）．
2) 末岡淳男，綾部　隆：機械力学，森北出版（1999）．
3) 末岡淳男，金光陽一，近藤孝広：機械振動学，朝倉書店（2000）．
4) 三輪修三，坂田　勝：機械力学，コロナ社（1984）．

4. 機械設計と機械要素
1) 瀬口靖幸，尾田十八，室津義定：機械設計工学 2，培風館（1987）．
2) 兼田楨宏，山本雄二：基礎機械設計工学，理工学社（1995）．
3) 角田和雄：設計・製図，**21**(12)，487-497（1986）．

5. 機 械 製 作
1) 尾崎龍夫，矢野　満，濟木弘行，里中　忍：機械製作法 I，朝倉書店（1999）．
2) 西川兼康，高田勝監：機械工学用語辞典，理工学社（1996）．
3) 平川賢爾，遠藤正浩，大谷康夫，坂本東男：機械材料学，朝倉書店（1999）．

6. 流 体 力 学
1) 日本機械学会編：管路ダクトの流体抵抗，日本機械学会（1979）．
2) 深野　徹：わかりたい人の流体工学（1），裳華房（1994）．
3) 深野　徹：わかりたい人の流体工学（2），裳華房（1994）．

7. 熱力学
1) 森　康夫, 一色尚次, 河田治男：熱力学概論, 養賢堂 (1968).
2) 谷下市松：工業熱力学　基礎編, 裳華房 (1981).
3) 河野通方, 角田敏一, 藤本　元, 氏家康成：最新内燃機関, 朝倉書店 (1995).
4) 日本機械学会：1999 日本機械学会蒸気表, 丸善 (1999).
5) 沼野正溥, 中島　健, 加茂信行：蒸気工学, 朝倉書店 (1987).
6) 谷下市松：蒸気工学, 裳華房 (1984).

8. 伝熱学
1) 西川兼康, 藤田恭伸：伝熱学, 理工学社 (1982).
2) Incropera, F. P. and Dewitt, D. P.: *Fundamentals of Heat and Mass Transfer*, John Wiley & Sons (1985).
3) 日本機械学会：伝熱工学資料 (改訂第 4 版), 日本機械学会 (1986).
4) 吉田　駿：伝熱学の基礎, 理工学社 (1999).

演習問題解答

2. 材料力学

2.1 $2Pl/3EA$

2.2 $P\Big/E\left(\dfrac{A}{a}+\dfrac{B}{d}\right)$

2.3 $\sigma_x=520.7$ [MPa], $\sigma_y=362.2$ [MPa], $\tau_{xy}=79.2$ [MPa], $\sigma_1=553.5$ [MPa]

2.4 19.6 [kNm]

2.5 $\dfrac{Pa^3}{3EI}+\dfrac{Pa^2\cdot b}{2EI}+\dfrac{Q(a+b)^3}{3EI}$

2.6 $\dfrac{3}{4}\pi$

3. 機械力学

3.1 点 P には,節 B と節 C の間および節 C と節 E の間に 2 個の回り対偶があることに注意すると,$n=6$,$p_1=7$,$p_2=0 \Rightarrow f=3\times(6-1)-2\times 7=1$. また,立体連鎖の自由度は,$f=6(n-1)-\sum\limits_{i=1}^{5}(6-i)p_i$ となる.

3.2 第 2 余弦定理から,$\angle Q_2OR=\cos^{-1}\dfrac{(b-a)^2+d^2-c^2}{2(b-a)d}$,
$\angle Q_1OR=\cos^{-1}\dfrac{(b+a)^2+d^2-c^2}{2(b+a)d}$ である.
$\phi=\angle Q_2OR-\angle Q_1OR$ とすれば,$\dfrac{\theta_1}{\theta_2}=\dfrac{\pi+\phi}{\pi-\phi}$ となる.

3.3 慣性力の大きさは $m|a|$,向きは加速度 $a>0$ のとき,進行方向逆向き,$a<0$ のとき,進行方向である.進行方向を正とすると,慣性力は $-ma$ で表される.

3.4 回転軸の曲げ剛性は,$EI=\pi Ed^4/64=1.618\times 10^3$ [Nm^2]. 回転軸の円板の位置でのばね定数は,$k=48EI/l^3=622\times 10^3$ [N/m]. 危険速度は $\dfrac{60}{2\pi}\sqrt{\dfrac{k}{m}}=1686$ [rpm].

3.5 静的不つり合いによって発生する遠心力は $me_s\omega^2$ だから,$me_s\omega^2/2$ の振幅をもち,角速度 ω で回転する変動荷重が軸受にかかる.$me_s\omega^2=mg$ から $\omega=\sqrt{g/e_s}$ [rad/s].

3.6 (1) $k=mg/\delta_{st}=4.9\times 10^6$ [N/m],$\omega_n=\sqrt{k/m}=\sqrt{g/\delta_{st}}=98.99$ [rad/s].

(2) 式 (3.46) からわかるように,$x(t)$ は $2\pi/\omega_d$ ごとにピーク値を取る.そこで,j 番目のピーク値を x_j で表せば,$x_j/x_{j+1}=e^\delta$ となる.ここに,$\delta=2\pi\zeta/\sqrt{1-\zeta^2}$ であり,この δ を対数減衰率という.したがって,$\dfrac{x_0}{x_{10}}=\dfrac{x_0}{x_1}\dfrac{x_1}{x_2}\cdots\dfrac{x_9}{x_{10}}=e^{10\delta}=$

$\dfrac{1}{0.5} \Rightarrow \delta = 0.0693$, $\zeta = 0.011$, $\omega_d = 98.98$ [rad/s].

(3) $x(t) = (0.526 \times 10^{-3})\cos(125.66t - 3.096)$.

4. 機械設計と機械要素

4.1 リード角 $\beta =$ ピッチ$/\pi d_2 = 3.17°$. 摩擦角 ρ' は式 (4.7), (4.8) により $9.82°$. 締付けおよび緩めるのに要するトルクは, 式 (4.6) によりそれぞれ 4.97 [Nm], 2.52 [Nm]. これを着力点の位置 0.15 [m] で除して締付けおよび緩めるのに要する力は, 33.2 [N] と 16.8 [N].

4.2 力のつり合いは有効径 d_2 の位置で考える. ねじが外力 F に抗して1回転したとき, 並進運動によりする仕事は $W_o = F \pi d_2 \tan \beta$. このとき, ねじを回転させるのに要する仕事は $W_i = F(d_2/2)\tan(\rho' + \beta) \times 2\pi$. ねじ効率は $\eta = W_o/W_i = \tan\beta/\tan(\rho' + \beta)$. 摩擦角 ρ', リード角 β およびねじ効率は, 三角ねじの場合 $9.82°$, $2.18°$, 0.179, 台形ねじの場合 $8.83°$, $3.31°$, 0.269.

4.3 式 (4.11) よりばね定数 $k = 1.26 \times 10^4$ [N/m]. 式 (4.13) よりばね指数 $c = 1.18$. これと式 (4.12) から $\tau_{max} = 347$ [MPa].

4.4 式 (4.14) より, 軸に作用するねじりモーメントは $T = 119.4$ [Nm]. ねじり強さについては, 式 (4.15) において軸材料の許容せん断応力を $\tau_a = 40$ [MPa] として $d_1 \geqq 24.8$ [mm]. ねじり剛性については式 (4.16) より $\theta/L = 32T/\pi G d_2^4 \leqq \pi \times 0.25/180$ [rad/m]. $G = 78$ [GPa] として $d_2 \geqq 43.5$ [mm]. ねじり強さとねじり剛性の両方を満足する最小の軸径は 43.5 [mm].

4.5 伝達動力 H は, プーリに巻き掛けられるベルトの張り側の張力を F_1, 緩み側の張力を F_2, ベルト速度を v とすると $H = (F_1 - F_2)v$. $F_2 = F_1/2.5$ であるので, $F_1 = H/0.6v = 2200$ [W]$/(0.6 \times 10$ [m/s]$) = 367$ [N].

4.6 歯形がインボリュート曲線であるので $\overline{TS} = \overline{A_1B_1} = r_{g1}\theta_1$, $\overline{TS} = \overline{A_2B_2} = r_{g2}\theta_2$ これより $\theta_2 = (r_{g1}/r_{g2})\theta_1$ を得る.

5. 機械製作

5.1 5.2 節 b 項を見よ.

5.2 5.3 節 a 項を見よ.

5.3 高強度の永久接合が可能. 一般的に重ね代が不要なので, 軽量化できる. 大型構造物から小さな電子部品まで適用範囲が広い, など.

5.4 切込みを与えて工作物とバイトを相対的に運動させたとき, ある限度以上の力が働くと, 干渉部分の材料はある方向にせん断変形して大きい塑性変形を起こす. この変形が順次起こり連なったものが連続形切りくずで, バイトのすくい面上を擦過して排出される. 連続形切りくずが生じるような切削が行われると仕上げ面も良好である.

材料・切削条件などによっては，切りくずが連続形ではなく断片的になることもある．
5.5 切削用工具材料は，工作物より硬いこと，高温においても硬さが低下しないこと，耐摩耗性が大きいこと，靭性が大きいことなどの性質が要求される．

　鉄鋼材料の切削には，一般に高速度鋼および超硬合金が用いられる．高速度鋼は，タングステン，モリブデン，クロム，バナジウム，コバルトを含む合金鋼で，熱処理によって硬くする．超硬合金は，タングステンやチタンなどの炭化物の硬い粉末にコバルトの粉末を結合剤として混合し高温で焼結したもので，高速度鋼より硬く高速切削が可能である．また，高速度鋼や超硬合金の表面に薄い硬質膜の被覆をして耐摩耗性を向上させたコーティング工具が多く用いられている．

5.6 切削工具は，切削しているうち，刃先の摩耗，衝撃などによる切れ刃の欠け，切削熱による刃先の軟化により切削不能になる．工具を新しく研ぎ直して切削を始めてから再び研ぎ直す必要が起こるまでの切削時間を工具寿命という．その寿命は研ぎ直しの経済性，切れ刃の破壊に対する安全性を考慮して決める．工具寿命は切削速度によって著しい影響を受け，また工具材料・工具形状・切削油剤の有無などにより変わってくる．

5.7 旋削，穴あけ，フライス削り，平削り・形削り・立削りなど．5.6 節 b～e 項を見よ．

5.8 砥石の性質を表す 5 つの因子として，砥粒の種類，粒度（砥粒の大きさ），結合度（砥粒間の結合の強さ），組織（砥粒の割合），結合剤の種類がある．これらの組合せは，工作物の材質・硬さや研削条件によって決まる．

　砥粒の種類として，通常，鉄鋼材料には，アルミナ系（A 系，Al_2O_3）と炭化けい素系（C 系，SiC）が用いられている．このほか，ダイヤモンドは超硬合金などの硬い工具の研削に，また，立方晶窒化ほう素（CBN）は高速度鋼の工具の研削に用いられている．

　結合剤として，弾性変形が少なく精密研削に適しているビトリファイド結合剤，弾性変形しやすいが衝撃には強いレジノイド結合剤が多く用いられている．このほか，ダイヤモンドや CBN の結合剤として銅，黄銅，ニッケル，鉄などの金属も使われる．

5.9 ブロックゲージ，ノギス，マイクロメータ，ダイヤルゲージなど．5.9 節 a～d 項を見よ．

6. 流体力学

6.1 物体の密度を ρ_m とすると，その重量は $Ah\rho_m g$．液体の密度を ρ とすると物体下面の圧力はゲージ圧で $(2/3)h\rho g$．したがって，$Ah\rho_m g=(2/3)h\rho g A$．この式から，$\rho=(2/3)\rho_m=1.8\times10^3\,[kg/m^3]$．

6.2 1 本の管路の入口断面に添字 1，分岐管のそれぞれに添字 2 と 3 を付して表すと，式 (6.11) からの簡単な類推によって，$A_1V_1=A_2V_2+A_3V_3$．

6.3 加速度を a, 液面と水平面とのなす角を θ とすると, $ma/mg=\tan\theta$ が成り立つ. よって, $a=g\tan\theta=0.268\times 9.8=2.63$ [m/s²].

6.4 (1) 連続の関係から, $2BU=(2B-4d)V+2\int_0^{2d}udy$, ここで, $u=(V/2d)y$,
∴ $V=(8/7)U$.

(2) 破線に働く力のバランスから,
$(p_1-p_2)2B+F_D+2\rho BU^2=\rho(3BV^2/2)+2\int_0^{2d}\rho u^2 dy$, ここで, $u=(V/2d)y$,
∴ $D=-F_D=2(p_1-p_2)B-0.18\rho BU^2$.
一般には圧力差は無視できるので, $0.18\rho BU^2$ が F_D と同じ向きに働く.

6.5 水槽 A の水面を断面 1, 水槽 B の水面を断面 2 にとる. 題意より $z_1-z_2=H$ であるから, 管路 1 または管路 2 を経由するそれぞれの流れの基礎式はいずれも式 (6.21) から $H=h_l$ となる. また両管路とも損失ヘッドは, $h_l=[\zeta+\lambda(l/D)+1]V^2/(2g)$ でまったく同じである. したがって管路内速度 V も流量も管路の取付け高さにかかわらず同じである.

6.6 20℃の水の密度は表 6.1 から $\rho=998.2$ [kg/m³], $A_2/A_1=1/5$. これらを例題 6.13 の式②に代入すれば, $V_2=2.53$ [m/s], $Q=4.96$ [l/s].

7. 熱力学

7.1 $T_1V_1^{\gamma-1}=T_2V_2^{\gamma-1}$ より $(100+273.15)V_1^{\gamma-1}=(60+273.15)\times(1.5V_1)^{\gamma-1}$
∴ $\gamma=\dfrac{\ln(373.15/333.15)}{\ln 1.5}+1=1.28$

$1\times c_v\times(60-100)=1\times\dfrac{R}{\gamma-1}\times(60-100)=-19\times 10^3$ [J]

∴ $R=\dfrac{-19\times 10^3\times(1.28-1)}{60-100}=133$ [J/kg·K]

7.2 $\eta=1-\dfrac{50+273.15}{1000+273.15}=1-\dfrac{15}{Q_1}$ より $Q_1=59.1$ [kJ] ∴ $W_{12}=59.1-15=44.1$ [kJ].

7.3 $\Delta S_v=mc_v\ln(T_2/T_1)=mc_v\ln\dfrac{40+273.15}{10+273.15}=0.144$ より $mc_v=1.43$.
∴ $Q_{12}=mc_v(T_2-T_1)=1.43\times(40-10)=42.9$ [kJ] また $\Delta U=Q_{12}=42.9$ [kJ]

7.4 $T_2=T_1\varepsilon^{\gamma-1}=(100+273.15)\times 10^{1.4-1}=937.31$ [K]$=664$ [℃]
$P_2=P_1\varepsilon^{\gamma}=0.1\times 10^{1.4}=2.51$ [MPa]
$T_3=T_2(P_3/P_2)=937.31\times(5.5/2.51)=2054$ [K]$=1780$ [℃]
$\eta=1-(1/10)^{1.4-1}=0.602$

7.5 閉じた系の熱力学の第一法則から, $q_{12}=(u_2-u_1)+w_{12}=u_2-u_1$. ∴ $w_{12}=0$.
与えられた P_1 と T_1 および P_2 の条件に加えて, $v_1=v_2$ の条件を用いる. 水蒸気の状態量の算出については, 例題 7.11 と 7.12 を参照.
756.7 [kJ], -1.712 [kJ/K], 151.8 [℃].

7.6 必要な水蒸気の状態量を求めて，式 (7.82) を適用する．ただし，タービン効率が 80% の場合，出力 $h_2 - h_3$ は可逆断熱の場合の 0.8 倍とする．
1307.2 [kJ/kg]，39.7 [%]，2614 [kW]，31.7 [%]．

8. 伝熱学

8.1 式 (8.18) と式 (8.19) を適用する．ただし，式 (8.18) で T_{b1} を T_{w1} し，式 (8.19) で $1/\alpha_1$ を無視する．30 [kW/m^2]，70 [℃]．

8.2 式 (8.29) を用いる．576 [W/m$^2\cdot$K]．

索　引

ア　行

ISO　64
アーク溶接　98
圧延　93
圧縮　10
圧縮液　174
圧縮コイルばね　71
圧縮着火機関　168
圧縮比　167
圧接　99
圧力　122, 123
圧力損失　132
圧力比　171
圧力ヘッド　134
アルミ合金　10
安全寿命設計　63
安全率　64
案内　77

鋳型　89
位相角　53
1次元の流れ　128
位置ヘッド　134
一様　127
一般ガス定数　150
鋳物　89
鋳物砂　89
インボリュート曲線　84

上降伏点　11
植込みボルト　68
ウォームギヤ　85
うず巻きばね　73
打抜き　96
運動量交換　120
運動量保存則　127

NC　106, 109, 113
SI 接頭語　5

SI 単位　5
S-N 曲線　63
エネルギーの式　133
エネルギー保存則　127
円管　136
遠心鋳造　92
遠心力　46, 126
エンタルピー　150
円筒コイルばね　71
エンドミル　108
エントロピー　161

オイラーの式　132
オイラーの方法　128
往復機械　43
往復質量　43
往復動内燃機関　164
応力　122
応力修正係数（ワールの）　71
応力集中　32
応力変換　17
押えボルト　68
押出し　94
オットーサイクル　166
おねじ　65
オリフィス板　145
オルダム軸継手　38, 76
温間加工　93

カ　行

灰色体　196
回転機械　45
回転質量　43
回転スライダクランク機構　38
回転体　55
回転鍛造　95
回転モーメント　8
外燃機関　163
概念設計　62
外輪　80

可逆サイクル　158
可逆変化　149
角運動量　42
拡散燃焼　168
拡散溶接　100
角速度　125
角ねじ　68
加工硬化　93
重ね板ばね　71
かさ歯車　85
下死点　164
ガスサイクル　163
ガスシールドアーク溶接　99
ガス切断　100
ガスタービン　170
ガスタービンサイクル　171
ガス定数　150
ガソリンエンジン　164
形削り　108
型鍛造　95
形直し　112
型曲げ　97
片持ちはり　23
過熱蒸気　174
カルノーサイクル　158
乾き度　177
乾き飽和蒸気　174
乾き飽和蒸気線　174
慣性主軸　48
慣性乗積　48
慣性モーメント　44
慣性力　39
管摩擦係数　138
管路　136
管路損失　134
管路要素　136, 140

キー　74
キー溝　75
機械　1

機械システム 1
機械振動学 34
機械設計 62
機械要素 64
機械力学 34
器具 2
危険速度 57
機構 34
機構学 34
基準応力 63
基礎円 84
基本設計 62
基本単位 5
吸収率 195
境界潤滑 77
境界条件 120, 126
境界層 122
共振 54
共振曲線 53
強制振動 52
強制対流 193, 194
強度設計 31
極断面2次モーメント 21
曲率半径 25
許容応力 64
キルヒホッフの法則 196
均質等方弾性体 15

空気標準サイクル 165
偶不つり合い 48
偶力 19
管用ねじ 68
組立単位 5
くらキー 74
クラジウス積分 160
グラスホフ数 194
グラスホフの定理 37
クランク 37

傾斜ベンチュリ管 146
形態係数 197
ゲージ圧 125
限界荷重 29
研削 110
検査体積 126
減衰自由振動 52
減衰比 51
原動機 2

原動節 35

コイルばね 71
工学単位系 5
工業仕事 153
航空機設計 63
工具寿命 104
工作機械 103
剛支持 54
高次対偶 35
構造物 2
構造用材料 31
構造用炭素鋼 31
拘束対偶 36
高速度鋼 104
拘束力 40
拘束連鎖 36
剛体 34
剛体渦 125
降伏点 11, 63
高分子材料 31
コーティング工具 104
国際標準化機構 64
黒体 195
固体(膜)潤滑 77
コック 139
固定軸継手 76
固定端 12
小ねじ 69
固有(角)振動数 51
固有周期 51
転がり軸受 77, 80
　　——の損傷 81
転がり疲れ 81
混合気 164
混合潤滑 78

サ 行

サーメット 104
サイクル 158
再生サイクル 181
最大せん断応力 17
再熱サイクル 180
作業機械 2
座屈 28
作動流体 158
サブマージドアーク溶接 99
作用線 84

作用・反作用 7
さらばね 73
三角ねじ 65, 67

CBN(立方晶窒化ほう素) 111
CO_2法 90
JIS 64
思案点 38
シーム溶接 100
シェルモールド法 91
磁気軸受 77
示強性状態量 149
仕切り弁 140
軸受 77
　　——の寿命 81
軸受箱 81
軸継手 73, 74
自硬性鋳型 91
しごき加工 97
自己着火 167
自在軸継手 76
沈みキー 74
自生作用 111
自然対流 193
下降伏点 11
質量保存則 127
質量流量 131
死点 38
自動調心作用 58
締切比 169
湿り蒸気 174
ジャーナル軸受 78, 79
蛇口 140
自由振動 50
修正面 48
集中荷重 23
自由度 34
従動節 35
柔軟支持 54
周波数応答曲線 53
重力場 123
ジュールの法則 155
主応力 17
受動振動制御 58
潤滑 77
蒸気サイクル 178
蒸気タービン 183
蒸気の性質 173

索　引

蒸気表　174
詳細設計　62
上死点　164
条数　65
状態量　149
衝動段　184
正面フライス　108
除去加工　89
初張力　83
示量性状態量　149
伸線　94
振動　49
振動数比　53
振動制御　58
振幅倍率　53

水管ボイラ　182
垂直応力　10
垂直ひずみ　10, 14
水溶性切削油　105
推力　130
水力平均深さ　139
数値制御　106, 109, 113
すえ込み　95
ステファン・ボルツマンの法則　195
ストライベック曲線　78
スピニング　97
滑り軸受　77, 78
滑り対偶　36
スポット溶接　99
スライダ　37
スライダクランク連鎖　36
スラスト軸受　78, 79
スリップ　127
スローアウェイバイト　106

静圧　134, 143
生産設計　62
静止流体　122
制振　58
静たわみ　53
静定問題　13
静的つり合い条件　47
静的不つり合い長さ　47
精密測定　115
節　35
切削加工　102

接線キー　74
絶対圧　125
絶対仕事　152
セミアクティブ振動制御　58
セラミック　104
全圧　143
全圧ヘッド　134
繊維強化複合材料　31
旋削　105
せん断　18
せん断応力　15, 120
せん断加工　96
せん断弾性係数　16, 17
せん断ひずみ　15
せん断力　23

掃気　165
造形機　90
相対座標系　125
装置　2
層流　137
速度型　170
速度ヘッド　134
塑性加工　92
塑性変形　11
損失　132
損失係数　138

タ　行

ダイカスト　92
対偶　35
　　──の自由度　36
台形ねじ　68
対象流体　128
対数減衰率　203
体積流量　131
体積力　129
ダイヤモンド　104
ダイヤルゲージ　117
対流伝熱　193
台枠　35
ダクト　136
縦弾性係数　12
玉形弁　140
ダランベールの原理　40
ダルシー・ワイスバッハの式　138
たわみ　22

たわみ軸継手　76
単弦運動機構　38
単純支持　22
単振動　51
弾性長柱　29
弾性変形　10, 120
鍛造　94
断面係数　26
断面2次モーメント　26
鍛練効果　93

チェーン伝動装置　83
力伝達率　55
着火遅れ　168
中間機械　2
中間節　35
鋳造　89
鋳鉄　31
超音波溶接　100
超硬合金　104
超仕上げ　113
調和振動　51
貯水池　136

ツイストドリル　107
疲れ限度　63
つりあい
　　──の一般条件　40
　　──の第1条件　41
　　──の第2条件　42
つり合い試験機　48

dn 値　82
$d_m n$ 値　82
定圧比熱　154
ディーゼルエンジン　168
ディーゼルサイクル　168
定格寿命　81
締結　64
抵抗溶接　99
低次対偶　35
定常強制振動　53
定容比熱　154
てこ　37
てこクランク機構　37
電子ビーム加工　114
伝動軸　73
伝動装置　82

転動体　80
伝熱　187

銅　10
動圧　134, 143
等圧サイクル　168
等圧膨張比　169
等エントロピー変化　161
等価直径　139
動吸振器　58
道具　2
等速形自在軸継手　76
動的つり合い条件　48
動的不つり合い　48
動粘性係数　122
等容サイクル　166
通しボルト　68
トーションバー　71
特殊加工　113
特性根　51
特性方程式　51
閉じた系　151
止めねじ　69
止め輪　73
トライボロジー　77
トラクションドライブ　86
砥粒加工　110
トルク　19

ナ 行

内燃機関　163
ナイフエッジ支持　22
内部エネルギー　150
内力　13
内輪　80
中子　90
流れ仕事　150
生型　90
並目ねじ　68
軟鋼　10

2サイクル機関　165
2軸の応力　14
2次元切削　103
日本工業規格(JIS)　64
ニュートンの運動の第2法則　39
ニュートンの運動方程式　128

ニュートン流体　121

ヌセルト数　194

ねじ　18, 64
　――の自立条件　66
ねじ効率　67
ねじ対偶　36
ねじ転造　96
ねじ歯車　85
ねじ部品　65, 68
ねじ山　65
　――の種類　67
ねじり　18
ねじりコイルばね　71
ねじりモーメント　19
熱間加工　93
熱機関　158
熱効率　158
熱処理　101
熱通過　191
熱通過率　192
熱抵抗　189
熱伝導　187
熱伝導率　188
熱流速　188
粘性　121
粘性係数　121

能動振動制御　58
ノギス　116
ノズル　145
ノック　167

ハ 行

ハーゲン・ポアズイユの法則　139
バイト　103
ハイポイドギヤ　85
破壊　32
歯車　83
　――の種類　85
歯車伝動装置　82, 83
歯車列　84
柱　28
はすば歯車　85
はずみ車　44
破損　32

歯付きベルト伝動装置　83
ばね　70
　――の材料　73
　――の種類　70
ばね指数　71
ばね定数　70
幅木　90
早戻り運動　37
早戻り比　37
バランスウェイト　44
はり　22
反動段　184
ハンマリング　61
非圧縮性流体　131
ヒートポンプ　185
比エンタルピー　150
比エントロピー　161
非可逆サイクル　160
非可逆変化　149
引抜き　94
ピストンクランク機構　38
比体積　173
左ねじ　65
ピッチ　65
引張り　10
引張りコイルばね　71
引張り試験　10
引張り強さ　11, 63
非鉄金属材料　31
ピトー管　143
ビトリファイド結合剤　111
比内部エネルギー　150
比熱　154
比熱比　155
火花点火機関　164
開いた系　151
平キー　74
平削り　108
平歯車　85
平フライス　108
疲労　32
疲労限度　32
ピン支持　22

Vプロセス　91
Vベルト伝動装置　82
フィードバック制御　59

索　引

フィードフォワード制御　59
プーリ　82
フーリエの法則　187
フールプルーフ　63
フェイルセイフ　63
深絞り加工　97
不減衰自由振動　51
不水溶性切削油　105
不静定問題　9, 13
不足減衰　52
フックの法則　11, 15
物性値　122
フライス加工　107
ブラジウス　139
フランク角　65
フランジ形固定軸継手　76
プラントル数　194
浮力　125
フルモールド法　92
ブレイトンサイクル　171
フレーキング　81
振れ回り運動　57
ブロックゲージ　115
噴流　134

平衡条件　7
閉塞鍛造　95
平面連鎖　36
ベクトル式　128
ベルト　82
ベルヌーイの式　132, 142
弁　139
変形抵抗　92
ベンチュリ管　145

ポアソン比　14, 17
ボイラ　181
放射伝熱　195, 196
放射能　196
放射率　195
防振　58
防振基礎　58
防振装置　58
放電加工　113
飽和圧力　174
飽和液線　174
飽和温度　174
飽和蒸気　174

ホーニング　112
ボールねじ　68
ボール盤　106
保持器　80
補助単位　5
細目ねじ　68
ボルト　18, 68

マ　行

マイクロメータ　116
巻掛け伝動装置　82
曲げ　22
　──の微分方程式　27, 29
曲げ加工　96
曲げモーメント　23, 24
摩擦　77
摩擦角　66
摩擦伝動装置　82, 86
マシニングセンタ　109
マノメータ　124
マノメータ液　146
摩耗　77
丸ボイラ　182
回り対偶　36

右ねじ　65
密度　122

ムーディ線図　139

メートルねじ　67
目つぶれ　111
目づまり　111
目直し　112
めねじ　65

ヤ　行

焼入れ　102
焼なまし　101
焼ならし　101
焼もどし　102
ヤング率　12, 14, 17

有効径　65
有効巻き数　71
融接　98
遊離砥粒加工　110
輸送機械　3

ユニファイねじ　67

揚水　141
容積型　164
溶接　98
横弾性係数　16
予混合燃焼　164
4サイクル機関　164
4節回転連鎖　36

ラ　行

ラッピング　113
ランキンサイクル　178
乱流　137

リード　65
リーマ　107
理想気体　150
立体連鎖　36
立方晶窒化ほう素(CBN)　111
リベット　18
流速　142
流体　119
流体潤滑　77
流体面　120
流量　142
流量係数　145
両クランク機構　37
両スライダクランク連鎖　36
臨界圧力　174
臨界温度　174
臨界粘性減衰係数　51
臨界比体積　174
リンク　35
リンク機構　36

冷間加工　93
0.2%耐力　11
冷凍サイクル　185
レイノルズ数　194
レーザビーム加工　114
レジノイド結合剤　111
連接棒　37
連鎖　36
　──の置き換え　36
　──の自由度　36

ろう型法　92

ろう付 100
ローラー支持 22
ロール成形 97
ロール曲げ 97
六角穴付きボルト 68

六角ナット 68
六角ボルト 68

ワ 行

ワールの応力修正係数 71

ワイヤカット放電加工 113
輪ばね 73

編著者略歴

末 岡 淳 男（すえおか・あつお）

1946年　山口県に生まれる
1973年　九州大学大学院工学研究科博士課程修了
現　在　九州大学大学院工学研究院知能機械システム部門教授
　　　　工学博士

基礎機械工学シリーズ9
機械工学概論　　　　　　定価はカバーに表示

2001年10月20日　初版第1刷
2017年 2月25日　　　　第12刷

編著者	末　岡　淳　男	
発行者	朝　倉　誠　造	
発行所	株式会社 朝倉書店	

東京都新宿区新小川町 6-29
郵便番号　162-8707
電　話　03(3260)0141
FAX　03(3260)0180
http://www.asakura.co.jp

〈検印省略〉

© 2001〈無断複写・転載を禁ず〉　　　　中央印刷・渡辺製本

ISBN 978-4-254-23709-2　C 3353　　　Printed in Japan

JCOPY　〈(社)出版者著作権管理機構 委託出版物〉

本書の無断複写は著作権法上での例外を除き禁じられています．複写される場合は，そのつど事前に，(社)出版者著作権管理機構（電話 03-3513-6969，FAX 03-3513-6979, e-mail: info@jcopy.or.jp）の許諾を得てください．

好評の事典・辞典・ハンドブック

物理データ事典 　　日本物理学会 編　B5判 600頁
現代物理学ハンドブック 　　鈴木増雄ほか 訳　A5判 448頁
物理学大事典 　　鈴木増雄ほか 編　B5判 896頁
統計物理学ハンドブック 　　鈴木増雄ほか 訳　A5判 608頁
素粒子物理学ハンドブック 　　山田作衛ほか 編　A5判 688頁
超伝導ハンドブック 　　福山秀敏ほか 編　A5判 328頁
化学測定の事典 　　梅澤喜夫 編　A5判 352頁
炭素の事典 　　伊与田正彦ほか 編　A5判 660頁
元素大百科事典 　　渡辺 正 監訳　B5判 712頁
ガラスの百科事典 　　作花済夫ほか 編　A5判 696頁
セラミックスの事典 　　山村 博ほか 監修　A5判 496頁
高分子分析ハンドブック 　　高分子分析研究懇談会 編　B5判 1268頁
エネルギーの事典 　　日本エネルギー学会 編　B5判 768頁
モータの事典 　　曽根 悟ほか 編　B5判 520頁
電子物性・材料の事典 　　森泉豊栄ほか 編　A5判 696頁
電子材料ハンドブック 　　木村忠正ほか 編　B5判 1012頁
計算力学ハンドブック 　　矢川元基ほか 編　B5判 680頁
コンクリート工学ハンドブック 　　小柳 治ほか 編　B5判 1536頁
測量工学ハンドブック 　　村井俊治 編　B5判 544頁
建築設備ハンドブック 　　紀谷文樹ほか 編　B5判 948頁
建築大百科事典 　　長澤 泰ほか 編　B5判 720頁

価格・概要等は小社ホームページをご覧ください．